新能源时代

朱志尧 主编

XINNENGYUAN SHIDAI

广西科学技术出版社

图书在版编目（CIP）数据

新能源时代 / 朱志尧主编. —南宁：广西科学技术出版社，2012.8（2020.6 重印）
（少年与现代科技丛书）
ISBN 978-7-80619-350-1

Ⅰ．①新… Ⅱ．①朱… Ⅲ．①新能源—少年读物
Ⅳ．① TK01-49

中国版本图书馆 CIP 数据核字（2012）第 192782 号

少年与现代科技丛书
新能源时代

朱志尧　主编

责任编辑	梁珂珂	封面设计	叁壹明道
责任校对	李文权	责任印制	韦文印

出 版 人　卢培钊
出版发行　广西科学技术出版社
　　　　　（南宁市东葛路 66 号　邮政编码 530022）
印　　刷　永清县晔盛亚胶印有限公司
　　　　　（永清县工业区大良村西部　邮政编码 065600）
开　　本　700mm×950mm　1/16
印　　张　10.875
字　　数　142 千字
版次印次　2020 年 6 月第 1 版第 7 次
书　　号　ISBN 978-7-80619-350-1
定　　价　21.80 元

青少年阅读文库

少年与现代科技丛书

代序　致二十一世纪的主人

钱三强

　　时代的航船已进入 21 世纪，在这时期，对我们中华民族的前途命运，是个关键的历史时期。现在10岁左右的少年儿童，到时就是驾驭航船的主人，他们肩负着特殊的历史使命。为此，我们现在的成年人都应多为他们着想，为把他们造就成 21 世纪的优秀人才多尽一份心，多出一份力。人才成长，除了主观因素，在客观上也需要各种物质的和精神的条件，其中，能否源源不断地为他们提供优质图书，对于少年儿童，在某种意义上说，是一个关键性条件。经验告诉我们，往往一本好书可以造就一个人，而一本坏书则可以毁掉一个人。我几乎天天盼着出版界利用社会主义的出版阵地，为21世纪的主人多出好书。广西科学技术出版社在这方面作出了令人欣喜的贡献。他们特邀我国科普创作界的一批著名科普作家，编辑出版了大型系列化自然科学普及读物——《少年科学文库》（以下简称《文库》）。《文库》分"科学知识""科技发展史"和"科学文艺"三大类，约计100种。《文库》除了反映基础学科的知识，还深入浅出地全面介绍当今世界最新的科学技术成就，充分体现了20世纪90年代科技发展的前沿水平。现在科普读物已

有不少，而《文库》这批读物特有魅力，主要表现在观点新、题材新、角度新和手法新，内容丰富，覆盖面广，插图精美，形式活泼，语言流畅，通俗易懂，富于科学性、可读性、趣味性。因此，说《文库》是开启科技知识宝库的钥匙，缔造21世纪人才的摇篮，并不夸张。《文库》将成为中国少年朋友增长知识、发展智慧、促进成才的亲密朋友。

亲爱的少年朋友们，当你们走上工作岗位的时候，呈现在你们面前的将是一个繁花似锦的、具有高度文明的时代，也是科学技术高度发达的崭新时代。现代科学技术发展速度之快、规模之大，对人类社会的生产和生活产生的影响之深，都是过去无法比拟的。少年朋友们要想胜任驾驶时代航船，就必须从现在起努力学习科学，增长知识，扩大眼界，认识社会和自然发展的客观规律，为建设有中国特色的社会主义而艰苦奋斗。

我真诚地相信，在这方面，《文库》将会对你们提供十分有益的帮助，同时我衷心地希望，你们一定要为当好21世纪的主人，知难而进，锲而不舍，从书本、从实践中汲取现代科学知识的营养，使自己的视野更开阔、思想更活跃、思路更敏捷，更加聪明能干，将来成长为杰出的人才和科学巨匠，为中华民族的科学技术实现划时代的崛起，为中国迈入世界科技先进强国之林而奋斗。

亲爱的少年朋友，祝愿你们奔向 21 世纪的航程充满闪光的成功之标。

作者的话

朱志尧

　　本书介绍了形形色色的现代新能源，如强大、经济、安全的核能，有利于环境保护并能再生的生物能，取之不尽用之不竭的太阳能、风能、地热能和海洋能，以及未来时代新能源的骄子——氢能，叙述生动有趣，通俗易懂，是专门为少年儿童了解新技术革命而编写的。

　　相信你看完这本小册子以后，一定会得出一个结论：大自然给我们准备的能源原来是无穷无尽的。

　　但是，你同时也一定会提出一个疑问：现在无论在国内还是在国外，为什么到处都感到能源紧张呢？

　　原因很简单，因为形形色色的新能源至今还没有得到很好的开发利用。

　　人类不能指望自然界恩赐，人类应该学会利用自然。

　　依靠什么？首先要依靠科学技术。

　　科学技术使社会不断进步，使生产迅速发展，使生活更加美好。科学技术扩大了人们的视野，延长了人们的四肢，增强了人脑的功能。一句话，科学技术大大提高了人类认识和变革自然的能力。

　　好好学习吧，努力掌握现代科学技术，为振兴中华，为开发新能源作出贡献！

目 录

一、能量的源泉

机器靠什么开动

我们的祖先创造了许多令人惊叹的工程奇迹。

你看，埃及的金字塔，中国的万里长城，希腊的帕提依神庙，意大利的罗马大斗兽场，叙利亚的基拉城堡，等等，它们是多么宏伟壮观，举世瞩目。

在只是使用杠杆、滑车等简陋工具的时代，这些了不起的工程是靠什么建造起来的呢？

全靠人的体力。

人的体力是有限的，一个人做功的能力（我们把它叫做功率）只相当于1马力（1马力约等于0.7千瓦）的1/10。因此，为了建造一项伟大的土木工程，需要花费很多很多的人力。

比方说，金字塔是古埃及国王——法老的陵墓。在开罗附近尼罗河西岸的吉萨，耸立着一座现存最大的金字塔，塔高146.6米，底部边长230.8米，由230万块2.5吨重的巨石垒砌而成。为了建造这座金字塔，古埃及第四王朝的法老胡夫，曾驱使大批的奴隶去筑陵，每3个月一批，每批10万人，拼死拼活地干，共花了整整30年的时间才建成。

　　埃及的金字塔是这样，古代所有的大工程莫不如此，它们都是由劳动人民的血汗凝成的。

　　现在的情况当然不同啦。随着社会生产的发展和科学技术的进步，人变得越来越聪明能干，越来越强大有力，许许多多的工作都可以交给机器去做。

　　翻地用拖拉机，提水用水泵，织布用织布机，地质勘探少不了钻机，采煤用的是采煤机，钢铁厂里有轧钢机。如果你来到一个大的建筑工地上，将可以随时随地见到起重机、推土机、装载机、运输机、压路机、打桩机、破碎机、搅拌机……

　　凡是人能干的工作，机器差不多都能干，而且干得更多、更快、更好、更有劲。人干活累了需要休息一会儿，机器却可以不知疲倦地整天整夜干下去。德国有一台最大的轮斗式挖掘机，重达 1.3 万吨，一天能

古代的文明

埃及金字塔

够挖土 25 万立方米，顶得上 4 万名挖土工人辛辛苦苦的劳动。

机器不仅能把人从繁重的体力劳动中解放出来，而且还能做许多人所做不了的事情。比如有些对精度要求极高的产品，单靠手工作业是无论如何也做不出来的，这类产品必须用专门的高度自动化的精密机器来制作。

这里我们不妨提一下一种真正的"机器奴仆"——机器人。机器人可以代替人劳动，可以到人所不能去的危险、恶劣的环境中执行任务。未来的机器人甚至同真人相似，"五官齐全"，会听、会看、会说、会走、会思考，可以代替人的一部分脑力劳动，帮助我们做更多更有意义的事情。

但是，你别忘了，机器自己是不会动的。开动机器一定要有动力给它们以能量，由发动机去带动它们工作。如果不补充能量，飞机、汽车、车床、计算机等就都将成为一堆废铜烂铁，什么活儿都干不了，什

么功也不会做。

事实上，不只是没有生命的机器，就是有生命的一切生物——动物、植物和微生物，要是没有能量的供给，别说建造不了金字塔等工程，就是他们自身的生存和发展也无法维持，整个地球将变成一个荒凉、死寂的世界。

那么，能量又是什么呢？

翻翻辞典，能量的解释是"度量物质运动的一种物理量"。世界上的所有物质，从宇宙天体到分子、原子，从高山、大海到森林、游鱼，无一不在不断的运动和变化之中，而能量就是使物质发生运动和变化的原因。换句话说，所有物质之所以能够发生运动和变化，就是因为有能

机器人

量在起作用。

物质运动的形式多种多样，能量的形式也就不一而足，机械能、热能、电能、辐射能（光能、声能、波能等）、化学能、核能等。它们可以相互转换，并在转换过程中更好地为我们服务。

比如，锅炉把煤或石油里的化学能转换成热能，蒸汽机把热能转换成机械能，发电机把机械能转换成电能，电灯又把电能转换成辐射能……能量在转换过程中会不可避免地损失掉一部分，有时损失还相当大，但是，通常只有经过各种转换，能量才能更好地被我们利用。

因此，我们不仅需要拥有更多的能量，而且还要研究各种能量转换的方法和设备，以便更有效、更合理地利用能量，为我们的需要服务。

从古到今

不同形式的能量可以相互转换，可以变来变去，但是它们既不能凭空创造，也不会无故消失。

产生能量的资源叫能源，正是能源给我们提供了所需要的能量。

人类对于能源的开发利用，经历了一个漫长的历史过程。

早先，人们完全依靠自己肌肉的力量来工作，生产力水平很低。古埃及大约有 150 万成年人，大家都凭体力做工，勤勤恳恳，全力以赴，总的做功本领也不会超过 1.1×10^9 瓦，还抵不上今天一座中型电站。

后来，人们又通过驯养野生动物发展畜牧业，利用牲畜来帮自己干活。马拉车，牛耕地，直到 18 世纪工业革命以前，整个欧洲主要还是依靠 1400 万匹马和 2400 万头牛来做工的。

古人已经开始利用风力和水力。

我国是利用风力最早的国家之一，主要是利用风力推进帆船，转动

风车。古埃及人用风磨碾磨粮谷。荷兰人用风车排除洼地积水。几百年前，郑和下西洋，哥伦布发现新大陆，麦哲伦实现环球航行，靠的都是风力推送的帆船船队。

水力的利用也不晚。古人早就注意到了水流的力量，并利用它来运送木筏和木船。我国汉代年间已经发明了不少水力机械，如水排、水碓、水磨、水车等。就全世界来说，18世纪以前，水力一直是手工业生产的主要动力。

火的利用对于人类社会的发展有着特别重要的意义。早在几十万年甚至上百万年前，人类就学会了用火，火的利用是人类技术发展史上的第一个大进步。有了火，人才得以照明、取暖和将猎取的野兽及鱼虾熟食；有了火，人才学会烧制陶器、冶炼铜铁并制造更先进的工具。

你知道，火的利用离不开燃料。事实上，人类开发利用能源的历史，正是从学会用火起步的。从此以后，人类开始大量地用木柴、杂草、秸秆等作燃料。这个以薪柴为主要燃料的能源时代，延续了很长很长的时间，直到近代。

我们的祖先早在几千年前就认识了煤，西周时期即已采煤并用煤做燃料。但是，到了18世纪中叶，人类才发明了蒸汽机。蒸汽机"翻转"了世界，产生了巨大的生产力，并促成了影响深远的工业革命，能源技术出现了一次新的突破，煤炭取代薪柴成了能源舞台上的"主角"。

蒸汽机的发明和广泛应用，以及煤炭的大规模开发利用，是能源技术发展史上的一个重要里程碑。到了20世纪初，煤炭在世界能源构成中的占比已高达95%，也就是说，在当时全世界所使用的能源中，煤炭占有压倒一切的优势。

蒸汽机以后出现了内燃机。内燃机使用柴油、汽油等液体燃料，把它们喷进气缸里燃烧，产生膨胀气体推动活塞，从而转动机轴而做功。内燃机同蒸汽机相比，身轻力大，效率又高，问世不久便受到用户的热

烈欢迎，特别在飞机、汽车、轮船、火车等交通工具中的应用独占鳌头。

20世纪以来，随着钻井技术的进步和内燃机的广泛应用，石油和天然气工业获得了长足的发展，在能源结构中的占比不断增加。到了1960年，石油终于超过了煤炭，成为"能源王国"里新的"盟主"。

电能的生产和应用是19世纪70年代的事儿，这与发电机、电动机的发明有关。有人说，"蒸汽世纪"以后出现了"电气世纪"。

同其他能源相比，电能有着许多明显的优点。它可以很方便地由其他能源生产出来，又可以很方便地根据需要转换成其他形式的能量。它可以远距离输送，转换效率高，有着招之即来、挥之即去的特点，使用控制十分方便。

电能已经深入到我们生产生活的各个角落。发电机、电动机、电灯、电话、电车、电视机、计算机……带电的东西实在太多了。电的应用极大地改变了社会的生产面貌，也急剧地改造着我们的文明生活，是继蒸汽机的发明和应用之后在能源技术上的又一次重大突破。如果说，蒸汽机的发明和应用帮助我们实现了生产过程的机械化，那么，发电机、电动机的发明和电能的广泛应用，则使我们进入了一个电气化、自动化的新时代。

煤炭、石油、天然气等都是化石能源，因为它们是由亿万年前的生物遗体，埋藏到地下后一点一点地变来的。迄今为止，这种能源使用得最普遍。那么，是否还有比化石能源"威力更大"的能源呢？

有的，那就是核能，也叫做原子能。核能是一种蕴藏在原子核里的能量。别看原子核看似那么微不足道，可是蕴藏在它里面的能量却大得惊人。从几克核燃料里爆发出来的能量，竟然与几吨乃至几十吨化石燃料里所含的化学能相当，由此可见核能具有多么惊人的威力。

核能是19世纪末到20世纪初被人们发现的，但到20世纪50年代才真正被开发利用。现在，核能不仅可以用来制造破坏力极大的原子弹

和氢弹，也可以用在核电站里转换成电能，还可以给航行在海洋上的舰艇和邀游于太空中的航天器提供动力。

人类对核能的开发利用，被认为是能源技术史上的第三次重大突破。

看到这里，你也许会问：水力、风力、煤炭、石油、天然气、核能等都是能源，这没有问题，可是电却是由这些能源生产出来的，它怎么能同这些能源"平起平坐"呢？

确实，一般的电能都是通过燃料的燃烧（火力）或利用水的力量（水力）生产出来的，它同那些在自然界中以现成形式存在的一次能源不同，是一种经过直接或间接加工生产出来的二次能源。一次能源基本上不用加工，拿过来就可以直接使用，如原煤、原油、天然气、天然核燃料、风能、水能等；二次能源是经过加工一次能源而获得的另一种形式的能源，如汽油、柴油、煤气、焦炭、电能、氢能之类。

事实上，只有少数一次能源供用户直接使用，大多数的一次能源都要被加工成二次能源才送到用户手里，因为只有这样，一次能源才能更方便和更有效地在更广阔的领域内发挥作用。

能源还可被分成可再生能源和非再生能源两种。

在一次能源中，有的可以循环使用，并在使用过程中得到不断的补充，比如太阳能、水能、风能、海洋能、地热能等，这叫做可再生能源。另外有些一次能源，而且正是那些目前被大量开采使用的能源，包括煤炭、石油、天然气之类，它们在地球上的储量有限，采掉一点少一点，短时间内不能再生，所以被称做非再生能源。

实力的基础

早晨乘地铁或公共汽车上班，白天在工厂或农场开动机器做工，晚上点亮电灯看书或打开电视看节目……你时时刻刻都在消耗着能源。

能源是生命和一切物质运动能量的源泉，也是人类社会赖以生存、发展的物质基础。

你看，没有能源，汽车、火车开动不了，拖拉机、坦克寸步难行，飞机上不了天，舰船下不了海，高炉里流不出铁水，矿井中采不出矿石，木材变不了纸张，棉花做不成衣服，甚至连日常生活中的做饭取暖都会成问题。

再看，拉开电闸，许许多多机器都会停止运转；不按电钮，火箭、导弹永远只能静静地躺在发射架上；不往炉膛里添加燃料，锅炉将不会

能源的作用

提供热水或蒸汽；人不吃饭，很快会感到浑身乏力……

所以说，在国民经济中，能源关系全局，发展农业、工业、国防、科学技术和提高人民生活水平都少不了它。它是衡量一个国家经济技术发展水平的重要标志，世界各国都把合理开发利用能源当作一项重要的国策。

社会生产要发展，人民生活水平要提高，能源供应就必须保证持续的增长。

看看下面的数字就明白了：在 19 世纪中叶以前的 100 多年时间里，全世界消耗的能源加在一起折合成标准煤（1 千克标准煤的发热量是29.3076 千焦）是 144 亿吨，而现在我们在一年多的时间里就需要消耗这么多。

1958 年，全世界共消耗了 37 亿吨标准煤，1968 年增加到 60 亿吨，1988 年已超过 100 亿吨。这就是说，在过去的几十年时间里，全世界的能源消耗，差不多每过十几年就要翻一番。

随着科学技术的进步和节能技术的发展，现在全球能源消费量的增长幅度是比过去降低了，但是增长的绝对数字仍然十分可观。举个例子，1988 年全世界能源消费的增长幅度是 3.7%，3.7%是个小数字，可这就比 1987 年多消费了 3 亿吨石油！

根据 1989 年 9 月在加拿大蒙德利尔召开的世界能源大会的预测，从 1985 年到 2020 年的这 35 年间，全世界的能源消费将增加 50%～75%，这意味着每年要从地下开采出多少的煤炭、石油、天然气啊！

世界上"富国"和"穷国"之间，在能源消费上的差距是非常明显的。仅占世界人口 1/4 的工业发达国家，消费的能源竟占世界能源总消费量的 3/4 以上，也就是说，工业发达国家平均每人每年消费的能源，差不多相当于发展中国家的 10 倍！

这就告诉我们，你要发展国民经济，你要增强国家实力，你要赶上工业发达国家，你就必须制定正确的符合本国国情的能源政策，大力发

展自己的能源工业。

有些发展中国家，正是由于能源供应不足而影响了国民经济的增长。拿现有的发电能力同需要的发电能力相比，菲律宾大约短缺 8％，印度短缺 15％，孟加拉国短缺 20％，巴基斯坦短缺 25％。这些国家都在努力使自己成为工业化国家，可是能源的短缺却在严重地阻碍着他们这一目标的实现。

能源问题也与我国现代化的命运息息相关。

我国拥有约14亿人，工业化的任务远远没有完成。为了保持比较高的增长速度，使人民生活能由温饱型逐步过渡到小康型，我国的钢产量需要翻几番才够用，交通运输业需要成数倍增长才能改变落后面貌，农业必须依靠大量的投入才能实现现代化，而这一切又都需要有能源供应的成倍增长作保证。一句话，在今后相当长的时期内，我国的能源工业必须要有很大的发展才能满足需要。

我们能够做到这一点吗？

我国虽然拥有相当丰富而多样的能源资源，但是平均分摊到每个人身上的能源资源却很少，人均拥有的煤炭、石油、天然气等化石能源的储量，仅仅只有世界平均水平的一半。

在我国探明的能源资源里面，煤炭占了 90％；在全国能源的产量和消费量里面，煤炭占 75％左右。我国是世界上少数几个以煤炭为主要能源的国家，而煤炭的生产和消费与其他能源相比，不仅效率低，效益差，需要占用大量的运输力，而且还会造成日益严重的环境污染。

现代社会的所谓"小康生活"，人均能源消耗水平应该在 1.5 吨标准煤左右，可是我国 1986 年的人均能源消耗水平只有 0.8 吨，仅为世界平均水平的 1/3，同中等发达国家相比还差得不少，这种情况到 2000 年也没有很大改观。

一方面我国能源十分短缺，另一方面我们又在大量浪费能源。我国平均单位产值的能源消耗，不仅远远高于工业发达国家，甚至比不少发

展中国家也高出很多。这就是说，为了生产同样多的产品，我国消耗的能源往往要比其他国家高出一倍甚至几倍。

任务非常艰巨，形势十分严峻。

没有别的选择，为了实现小康社会，我们必须加倍努力，艰苦奋斗，把能源搞上去。

能源新秀

从火的利用到蒸汽机的诞生，从电能的普及到核能的开发，能源科学技术已经取得了巨大的进步。从历史上看，人类社会已经经历了三个重要的能源时期，那就是薪柴时期、煤炭时期和石油时期。

直到目前为止，人类开发利用的能源，主要还是三种化石能源——煤炭、石油和天然气。你看，在1988年全世界所消耗的一次能源中，石油占38％、煤炭占30％、天然气占20％。这就是说，这三种化石能源加在一起，就占了世界能源总消费量的88％。

这种情况到21世纪的前半期也不会有多大的变化，三种化石能源在整个世界能源构成中所占的比重仍将高达70％以上，只是石油的地位将有所下降，而由储藏量大的煤炭取而代之。煤炭到21世纪后期可能再次超过石油，重新恢复它在能源舞台上的重要地位。

大自然确实给我们准备了大量的化石能源。到1987年底，全世界探明可采煤炭储量是15980亿吨，可采石油储量是1211亿吨，可采天然气储量是109亿立方米。

但是，储量再多，也是有限的，它们不仅不会在短时间内再生，而且也不可能被全部开采出来，可我们对能源的需求量却年年在增长，这样长此以往，"坐吃山空"，到头来总不免会有枯竭用完的一天。

这方面以石油资源最为突出，按照目前这样的水平开采下去，估计

大约 2040 年前后就会用完。天然气的情况稍稍好一点，加上附加储量，可以用到 2060 年左右。煤炭的前景比较乐观，但也只能保持平稳供应 200 来年。

这还不算，大量使用化石能源还会给我们带来日益严重的环境污染。

就拿煤炭来说，尽管人们称它是"工业的粮食""黑色的金子"，可它远不是一种理想的能源，因为它体积大，运输困难，发热能力小（只有石油的 2/3，天然气的 4/5），能源利用效率低。此外，最要命的是它在燃烧过程中会产生大量的烟尘以及二氧化硫、氮氧化合物等有毒有害气体，污染环境，损害人体健康，甚至造成气候变暖、天降酸雨等一系列威胁人类生存的严重后果。

说到这里我们就明白，煤炭、石油、天然气等化石能源作为未来的能源是不够格和没有前途的。为了保证人类社会的持续发展，应该在充分开发利用现有的常规能源的同时，尽快开发利用至今还没有被充分开发利用的更为理想的新能源。

什么是未来的比较理想的新能源呢？

它的资源应该是无限的，可以再生的，或者是储量极为丰富的；它应该既清洁，又安全，使用过程中不会污染环境，不会破坏生态平衡，对人类的生存发展不会构成有害的威胁；它既可以进行大规模的开发，又可以作小型分散的使用。如果这种能源还具有很高的能量密度或发热本领，便于运输、储存和使用，那就更理想了。

符合这些条件的新能源，有核能、太阳能、生物质能、风能、海洋能、地热能、氢能等，几乎都属于再生能源。它们是世界新技术革命的动力，是未来社会能源系统的基础。

人类社会的能源结构有过两次大的转变：一次是从 18 世纪开始的由薪柴向煤炭的转变；一次是从 20 世纪 20 年代开始的由煤炭向石油的转变。现在，世界能源结构似乎又在经历着第三次大的转变，那就是从

常规能源逐步地转向新能源，也即从以化石能源为基础的能源系统，转向以核能、太阳能等为基础的能源系统。

完成这种转变，可能需要几十年甚至上百年的时间。在这个过渡时期里，我们一方面要积极开发利用新能源，另一方面还要发展比较纯净和使用方便的天然气，大力开发研究煤炭利用的新技术，包括改进烧煤的技术和设备，把固体的煤炭变成气体或液体燃料，进一步提高能源利用率和减轻对环境的污染，以便更好地完成能源转变过渡时期的任务。

常规能源和新能源是相对来说的。随着科学技术的进步，原来处于研究开发阶段的新能源，有可能变成日益广泛使用的常规能源。反过来，有些能源虽然发现和使用历史悠久，但是由于种种原因，直到近几年才受到重视并获得更多的应用，这样的能源也应该算作新能源。

比如，煤和石油现在已经是最普通的常规能源了，可在 18、19 世

能源新家族

纪却是了不起的新能源。太阳能有谁不知道呀，古代就开始零零星星地使用过，但是直到不久前才开始受到人们的重视，人们大力进行研究开发并找到了较大规模地利用它们的方法，于是"老"能源也变成了新能源。

核能的例子更典型。它的开发利用只有几十年的历史，由于它发展迅速，现在在某些发达国家的能源构成里已占有很大的比重，因此有些人把它排进了常规能源的行列。但是，考虑到核能的使用还很不普遍，在世界总的能源构成中所占的比重不过百分之几，只能说是处在开发利用的初级阶段，更多更先进的核能技术还有待人们继续去探索研究，所以我们仍然把它看作是一种大有发展前途的新能源。

新能源种类很多，不可能一一介绍，在这本小册子里，我们就向你简单介绍几种主要的新能源吧！

二、打开"核宝库"

探索微观世界

你已经知道，我们周围的世界是一个物质的世界。世界上的物质多种多样，成千上万，归根到底是由数不清的微小粒子——分子构成的。

大家都见过食盐。一颗大盐粒，可以分成许许多多的小盐粒。小盐粒还可以再分，越分越小，分到最后，不能再分，就成了肉眼看不见的极小极小的分子。

食盐有食盐的分子，糖有糖的分子，铁有铁的分子……分子是保持原有物质一切化学特性的最小颗粒。

分子有大有小，大小差别悬殊。一滴水里就含有 15 万亿亿个水的分子；拿水分子与乒乓球比较，就像拿乒乓球同地球比较一样。

分子之小，由此可以想象。

既然分子是保存原有物质的一切化学特性的最小粒子，那它是不是不能再分了呢？

不！分子还可以再分，不过再分就不是分子，而是原子了。分子由原子构成，原子比分子更小。

世界上有数以百万计的形形色色的化合物，因而也就有数以百万计的形形色色的分子。但是构成世界万物的最简单最基本的物质——元素却很少，自然界中存在的天然元素不到100种，有多少种元素就有多少种原子。这就是说，世界上数以百万计的形形色色的化合物分子，原来是由不到100种的天然元素的原子构成的，正像各种各样的房屋建筑是由少数几种建筑材料造成的一样。

比如，食盐分子由一个钠原子和一个氯原子组成，水分子由两个氢原子和一个氧原子组成，二氧化碳分子由一个碳原子和两个氧原子组成，等等。

分子和原子的个儿实在太小，小到只能用一种极小的单位——"埃"来衡量。1埃等于1米的100亿分之一，一般原子的直径在1埃到千埃之间，1亿个原子排成的队才有1个手指甲那么宽！

原子也不是我们用肉眼看不见的微观世界的尽头。19世纪末到20世纪初，一系列的科学发现又揭开了原子内部世界的秘密。

1896年，法国物理学家贝克勒尔在研究荧光物质的时候，无意中发现一种含铀的矿物能够自发地放出肉眼看不见的射线。以后经过居里夫人等的进一步研究，才知道像铀这样一类的放射性元素，在放出几种射线之后，就变成另一种元素的原子了。

这是怎么一回事呢？原子不是不能再分的"物质的始原"吗？怎么一种元素的原子放出一些射线之后会变成另一种元素的原子呢？

回答只能是这样的：原子内部还有复杂的结构，旧的结构破坏了，新的结构形成了，结果就出现了新的原子。可见原子不是铁板一块，它还可以再分，分成更小的小天地。

果然，刚过1年，英国科学家汤姆逊通过对阴极射线的研究，就发现了一种比原子更小的粒子——电子。不论用哪一种金属做实验材料，都能发射出电子，这说明，电子确实是任何一种元素原子的组成成分。

电子是带一个单位负电荷的极小的粒子，轻极了，质量只有最轻原子的一千八百四十分之一；而最轻的原子是氢原子，它的质量才1.67×10^{-24}克。

又过了十几年，即 1911 年，英国物理学家卢瑟福，用高速粒子去轰击金属片，结果进一步揭开了原子内部的秘密。原来原子并不是一个质量均匀的小球，而是中心存在着一个密实的核——原子核，它集中了原子的全部正电荷和绝大部分的质量，直径却不到原子直径的万分之一，即只有几万亿分之一厘米。如果设想原子

原子结构示意图

核有一粒绿豆大小，那么整个原子所占据的空间就有一个中型体育馆那么大。

根据这些实验的事实，科学家们初步绘出了原子内部结构的图景：每个原子分成两部分，中心部分有一个密实的原子核，原子核带正电荷；原子核的周围是带负电荷的电子，电子绕着原子核旋转，它们几乎占据着原子的全部空间，可是质量却只占原子全部质量的几万或几十万分之一。

后来，科学家们还发现，小小的原子核里也有一个热闹的世界，它由更小的粒子——质子和中子等组成。

质子带正电荷，它所携带的正电荷跟电子所携带的负电荷电量相等，电性相反。中子是不带电的中性粒子，比质子稍稍重一点。正因为原子核里的质子数与原子核外的电子数相等，正负电荷相消，所以原子对外不表现出电性。

任何元素的原子，原子核里的质子数是一定的，但是中子数却可以不同。质子数相同而中子数不同元素，被称为这种元素的同位素。

你看，一方面是电子绕着原子核高速旋转，有逃离原子核的倾向；另一方面，带正电荷的原子核又吸引着带负电荷的电子，使电子不能跑逸而去。这样，原子核和电子就处在一种排斥和吸引的对立统一之中，

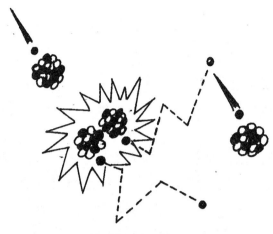

核裂变反应示意图

组成了一个结结实实的原子小世界。

1＝270万

啊，原来如此！贝克勒尔当年发现的肉眼看不见的射线，是从铀原子的原子核里放射出来的；而铀原子放出了这些射线以后，原子核的构成有了改变，铀原子也就跟着变成另一种元素的原子了。

这叫做什么呢？这叫做核反应——原子核的结构发生了变化，一种原子的原子核变成了另一种原子的原子核。贝克勒尔首次发现的天然放射性现象，实际上就是一种天然的核反应。

天然放射性现象人工没法控制，那么能不能采用人工的方法来实现核反应，把一种元素的原子变成另一种元素的原子呢？

1919年，还是那位最先发现了原子核的卢瑟福，在世界上第一个实现了人工核反应，他用氦的原子核去轰击氮原子核，结果得到了两种新的原子核——氧原子核和氢原子核。

从此以后，世界上不少国家的科学家都开始了对人工核反应的研究。

1938年，人类终于完成了科学史上的一大创举，用不带电的中子作为"炮弹"去轰击铀原子核，结果使铀核"一分为二"，变成两块质量差不多大小的"碎片"——两个新的原子核，同时放出惊人巨大的能量。

这种"一分为二"的核反应叫做裂变反应，放出的能量叫裂变能。我们平常所说的原子能或核能，一般就是指这种裂变能。

核反应与化学反应不同，核能与化学能有根本区别。

化学反应你已经知道，比如煤、石油、天然气等化石燃料燃烧的时候，发生的反应主要就是燃料中的碳与空气中的氧结合生成二氧化碳的化学反应，放出的能量便是化学能。在这个过程中，只是反应物的分子结构遭到了破坏，出现了新的结合，产生了新的分子。至于原子，顶多不过是"擦破了一点皮"，仅仅是外层电子的位置和运动状态发生了变化，而原子核却一点也没有动，也就是原子一点也没有变——碳原子仍然是碳原子，氧原子仍然是氧原子，所以产生的能量很有限。

核反应就不同啦，它是质量密集的原子核结构发生了"变革"，原子不是"擦破一点皮"的问题，而是"动了大手术"，发生了"翻天覆地"的变化，一种原子（核）干脆变成了另一种原子（核）。核能就是原子核反应过程中释放出来的蕴藏在原子核里的能量，拿化学能同它相比，那真是小巫见大巫，核能要比化学能大百万甚至千万倍！

当然，单单用一个中子去轰击一个铀原子核发生裂变是没有意义的，它只能产生万亿分之几焦耳的热量，实在微不足道。

幸好，没过多久科学家就发现，用中子去轰击铀原子核，铀核分裂的同时会产生两三个新的中子，新产生的中子又会引起新的铀核裂变。这样，一变二，二变四，四变八，发展下去，裂变反应就能持续迅速地进行，并且会像雪崩似的越演越烈，规模越来越大。

这叫做链式反应。

有了链式反应，我们就不必老用中子去"点火"了，链式反应一经发生就能持续进行下去，正像星星之火可以燎原，点着的干柴能够熊熊燃起一样。这也是一种"燃烧"，可以叫做"核燃烧"。核燃烧的燃料就是铀。

不是百个、千个、万个，而是千亿、万亿、亿亿个铀原子参加核反应。你想，1千克铀中就含有几亿亿亿个铀原子，如果全部参加核裂变，那会产生出多少能量呀！——795亿千焦，相当于燃烧2700吨标准煤所释放出来的热量！1千克与2700吨，相差达270万倍！

要知道，核裂变反应进行的速度是极快极快的，任其自然发展，一块铀在百万甚至千万分之一秒的瞬间就会"燃烧"完毕，形成威力极大的爆炸——核爆炸。

没有错，大名鼎鼎的原子弹就是根据这个原理制成的。1千克"铀核炸药"的爆炸力抵得上1.8万吨梯恩梯烈性炸药。

作为一种杀人武器，原子弹诞生于1945年。这一年8月6日，美国在日本广岛上空扔下了第一颗原子弹。几天以后，第二颗原子弹又落在日本长崎。这两颗原子弹加在一起，爆炸力相当于3.5万吨梯恩梯，骇人听闻的这次超级爆炸造成了巨大的人员伤亡。

我国也在1964年10月16日进行了第一次核爆炸试验，成为世界上第五个拥有核武器的国家。

核爆炸可以用于破坏，也可以用于建设，正像普通炸药可以用做枪炮弹药，也可以用来开矿、筑坝、修路一样。1千克核炸药通过爆炸所产生的功率，顶得上25万人辛辛苦苦劳动一整天！

看到这里你一定会想，核能既然具有这么大的威力，为什么不把它当作一种大有前途的新能源来好好地开发利用呢？

想法很对，而且不少人在核裂变刚刚被发现的时候就这么想过。但是，由于当时核科学技术的发展水平还很低，以致连某些被誉为原子科

学的创始人或者在核裂变实验方面作出了卓越贡献的科学家，都不敢相信蕴藏在小小的原子核里的能量会有什么实际用处。他们甚至列举种种理由来证明，核裂变反应的实际应用是不可能的。

问题在哪儿？问题是核裂变反应进行的速度极快，必须设法让这种反应能在人工的有效控制下进行，不是一下子突然爆炸，而是根据我们的需要，把能量一点一点地释放出来供我们利用。

于是，科学家们开始研制一种人工控制核反应的装置——核反应堆。第一个核反应堆建成之后，才是"核能时代"到来之时。

不烧煤的锅炉

1942 年年底，一批以著名物理学家费米为首的科学家，在美国芝加哥大学里设计建造成功了世界上第一座核反应堆。

这座最早诞生的核反应堆有 9 米宽、10 米长、6.5 米高、重 1400 吨，里面装有 52 吨铀和铀的化合物。核反应堆的全部输出功率只有微不足道的 200 瓦，仅够点亮一只大电灯泡。

现在我们就来认识一下核反应堆。

简单一点说，核反应堆是一种能控制原子核裂变的链式反应进行的装置，是我们利用核能的一种最重要的大型设备。

通常核反应堆的本体是一个耐高压的、由高强度合金钢制成的容器，称做压力壳。压力壳内用不锈钢支承，安置着许许多多的核燃料组件，组成了核反应堆的核心部分——堆芯。每个核燃料组件又由许许多多根细长的核燃料棒组成，排列成截面为正方形的柱状件。核燃料棒很细，直径只有几毫米到十几毫米，外面包着锆合金的包壳。核裂变的链式反应就在堆芯里进行，用中子一"点火"，链式反应开始，核燃料便"燃烧"起来。

核裂变过程中产生的中子，绝大多数"行动迅速"，对于一般的核燃料来说，它们是飞得太快了，以致极少有机会击中铀核而发生核裂变。怎么办呢？可以用水、重水、石墨、铍等做慢化剂，把燃料组件有规律地配置在慢化剂里，使"快中子"同慢化剂的原子核发生碰撞而减慢速度，变成慢中子（又叫热中子），这样才能有更多的机会引发核反应。

堆芯的周围还要包上一层中子反射层。制做反射层的材料也是水、石墨、铍之类，它们能把企图"开小差"溜出反应区的中子"反射"回去，以减少中子的散失，缩小核反应堆的体积。

怎样控制核裂变反应的速度呢？

控制核裂变反应的速度，关键是要控制引起核裂变的中子的数量。

这事儿说起来好办，只要在核反应堆的堆芯里安置一些棒状的控制元件就行了。

显然，这种控制棒应该用能够大量地"吞吃"中子的材料来制作，这类材料包括碳化硼、银铟镉合金以及稀有金属铪等。

插进堆芯各燃料组件的控制棒可以上下移动：插进位置适当，裂变反应将以正常速度进行；插进位置浅，控制棒"吞吃"的中子少，裂变反应的规模就增大，核反应堆的功率将上升；插进位置深，控制棒"吞吃"的中子多，裂变反应的规模就变小，核反应堆的功率将下降。这就是说，调节控制棒在堆芯燃料组件里位置的深浅，就能够控制核反应堆的工作状况和输出功率的高低，使它按照我们的需要释放能量。

一旦核反应堆运转出现异常，控制棒会一下子插入堆芯，使裂变反应马上中止，核反应堆立即熄火。这就是说，控制棒还是核反应堆很重要的安全部件。

裂变链式反应进行速度极快，所以调节控制棒的工作不能靠手工来操作，而必须通过自动装置来实现。

核反应堆启动了，裂变反应进行着，核燃料"燃烧"放出的热能使

温度迅速上升。

温度太高是不行的，这样会使堆芯熔化甚至把整个核反应堆烧毁，为此必须用冷却剂来冷却。

水、重水等液体，氦、二氧化碳等气体，钠等容易熔化的固体，都可以用做冷却剂。

使用冷却剂不光是为了降温，更重要的是为了把核燃料燃烧时产生的热量"载运"出来，以便有效地加以利用。冷却剂为此又叫载热剂。

比方说，沿着管路流经堆芯的冷却剂从反应堆流出来之后，温度很高，通过热交换器把热量传递给水，水受热变成高温高压的蒸汽，蒸汽就可以推动涡轮发电机发出电来。

这种利用核能发出的电简称核电，这样的电站叫核电站。

很明显，核反应堆是核电站最重要的组成部分，有人形象地称它是核电站的"心脏"。它的作用相当于火电站的锅炉，只是普通锅炉烧的是煤，而核反应堆"烧"的是核燃料，可以称之为不烧煤的"原子锅

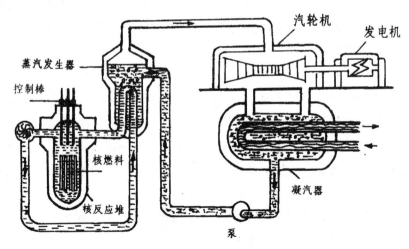

核电站系统示意图

炉"。

"原子锅炉"当然要比普通锅炉复杂得多。比如,为了保证核电站的安全运行,防止核反应放出的中子和射线跑出来伤人,一般核反应堆的里里外外都要设置好几道屏障和一整套应急系统。核燃料和核燃料燃烧产生的放射性产物被包裹在耐高温和耐腐蚀的锆合金管子里,这是第一道屏障;主要由核燃料组件组成的堆芯装在耐高压、高强度的合金钢压力壳里,这是第二道屏障;最后还有第三道屏障,压力壳和有关设备又被完全封闭在安全壳中,这种安全壳通常用钢筋混凝土建造,厚度可达几十厘米甚至超过1米,即使在核反应堆发生烧毁一类大事故的情况下,放射性物质也将被密封在安全壳内而跑不出来。

核反应堆有好多种。按所用冷却剂、慢化剂的不同,核反应堆可分成轻水堆(压水堆和沸水堆)、重水堆和石墨气冷堆(天然铀气冷堆、改进型气冷堆、高温气冷堆)。现在使用最普遍的是压水堆,不过石墨高温气冷堆具有相当大的吸引力。

现在一般核反应堆里装的核燃料大都是天然铀或者是含3%铀235的二氧化铀,用经过慢化剂"慢化"了的慢中子(又叫热中子)去轰击铀235并使它发生裂变。人们把这种核反应堆统称为热中子反应堆,或者简称热堆。上面提到的核反应堆都是热堆。

可是,热中子只能使铀235裂变,而在天然铀中,铀235只占7‰左右,另一种铀的同位素铀238却占了98%以上。这样,在热中子反应堆中,绝大多数的铀就不能参加核反应,不能被"燃烧"利用,结果造成极大的浪费。

为了解决这个问题,科学家们设计建造了一种新型的核反应堆,它不是用铀235而是用钚239作燃料,它不用慢化剂而是直接利用钚239裂变时产生的快中子来维持链式反应。所以这种核反应堆又叫做快中子反应堆,或者简称为快堆。

快堆有一个特点,就是在它的反应区周围装有许多的铀238;钚

239裂变时放出来的快中子，能够被轴238吸收而变成钚239。这就是说，快堆会一边烧掉核燃料钚239，一边又使轴238变成钚239，而且新生的钚239比烧掉的钚239还多，难怪人们会形象地把它称为"快中子增殖堆"。

有了快堆，原来没有被利用的在天然铀中占绝对多数的铀238也得到了利用，这就使铀资源的利用率一下子提高了五六十倍，运行成本也因此降低了75%～80%。

快堆当然要比热堆来得复杂，但它也已走出实验室，开始在工业化应用的大道上迈进。现在世界上只有少数几个国家拥有快堆，而且技术还不成熟，未来，快堆会在世界各地蓬勃发展起来。如果把用热堆发电的核电站叫第一代核电站，那么用快堆发电的核电站就是第二代核电站。

除了快堆，一种所谓的"简化"反应堆也成了许多国家的主攻对象。"简化"反应堆又称新一代的"自然"反应堆，即在更大程度上利用了重力、对流等自然现象，避免温度过高和向周围放出射线，是一种设计简化而更安全的反应堆。

核能不仅可以用来发电，也可以用来给工厂和居民供热。1989年底，我国第一座低温核供热反应堆在北京试运行成功。与烧煤供热相比，核能供热有较好的经济效益，小锅炉的热效率只有40%～50%，大中型集中供热锅炉的热效率也不过60%～70%，而核能供热的热效率却可高达98%，所以很有发展前途。

核反应堆还可以为潜艇、大型舰船、破冰船等提供动力，它使舰艇的航行速度加快，续航能力大为提高，这对水下航行的潜航尤其有意义。

水中没有氧气，内燃机没有氧气没法开动，于是潜艇在水下航行时就不得不依靠蓄电池来供电，结果最多只能在水下停留几天，总的续航能力不过2.5万千米左右。

潜艇改用核能作动力之后，情况就大不相同。核反应堆工作时不需要氧气，功率既大，消耗燃料又少，核潜艇在水下一呆就是几个月（只要其他装备和给养足够），航速比海面上的大型舰艇还快，续航能力达到90万千米，可以在水下连续航行环绕地球22.5周。相隔10年才需要更换一次核燃料。

现在还只有少数大型舰艇用核反应堆推动，将来连一般的舰艇也会越来越多地使用核动力。要知道，只需要几个核燃料组件，就足够一艘舰艇使用"一辈子"。

从1968年起，苏联大约已经发射了30颗由核能提供动力的人造卫星，这些卫星大部分是用来跟踪舰只的侦察卫星。用原子火箭推送的宇宙飞船，将被发射到茫茫的宇宙空间去执行有人或无人驾驶的空间探索任务。原子火箭还将向地下进军，去揭开被厚厚的地层覆盖着的地下世界的秘密。

核燃料又可以被用做核电池，在一切需要小型、长寿、高效、高性能电源的场合大显身手。这些核电池可以上天，可以入海，甚至已经进入人体，比如为心脏起搏器提供长期而稳定的电源。

将来，核反应堆甚至还可以为火车、飞机等交通工具提供动力，那才方便哩！因为几百克铀的裂变能就能供一列火车在北京、上海之间开个来回！

正像其他动力设备一样，核反应堆也面临着继续提高利用率、改善运行性能、缩短建设周期、降低成本和增强安全性等任务。现在，一些更有前途的小型、安全、标准化、组装式、造价比较低的新型核反应堆和核电站正在设计开发之中。

经济、清洁、安全

利用核能发电有很多优点。

现在我们所用的电能，大部分是用火力发电的方法生产出来的。火力发电要用煤或重油做燃料。一座功率为100万千瓦的火电站，一年就要烧掉二三百万吨煤，运输这么多煤要用上千列由40节车厢组成的列车。而同样功率的核电站，每年消耗的核燃料要少得多——用天然铀大约需要130吨，用铀235含量在3%左右的低浓缩铀只需要30吨，有几辆特制的卡车就能拉到现场。

这就是说，用核能发电可以大大减少燃料运输和储存的困难。这一个优点对于我们特别有意义，因为我国的交通运输十分紧张，其中运煤占了大量的运输力——在全国六大主要铁路运输干线上，煤的运输竟占去一半以上。

正因为核电站所用的核燃料很少，所以它的建设基本上不受核燃料产地的限制，遥远边疆、不毛荒地、偏僻山区都可以设厂，必要的时候还可以把核电站建到地下、海面、海底甚至天上。

在经济上，核电站也比火电站合算。

早先核电站建设技术复杂，核燃料稀少昂贵，核能发电几乎无人问津。随着科学技术的进步，核能发电的成本一直在不断降低。国外的实践证明，核电站的基本建设费用虽然要比火电站高出一半甚至一倍还多，但是核电站的燃料费用却比火电站低得多。尽管由于种种原因，近些年来核电的成本有了较大幅度的上涨，但是核电的经济性在大多数的国家里仍然比其他能源要好，比如，有些国家的核电成本要比烧煤的火电成本低1/3到1/2。特别在缺煤少油的国家和地区，核电的这个优越性显得更加突出。

核能比较干净，它对环境的影响明显优于别的能源。

一座 100 万千瓦的火电站，每年至少需要烧煤 230 万吨，其中大约 20％将成为灰渣或烟尘。渣场不仅占用大量土地，处理不当还会堵塞河道，污染水源。烟尘形成煤烟型的大气污染，会对人体健康造成巨大危害。随着烟尘排放到大气里的二氧化硫和氮氧化合物是制造酸雨的罪魁祸首，二氧化碳是产生温室效应和全球气候变暖的主要根源。

核电站就不会像火电站那样排放出那么多的废气、废渣。法国是坚定地主张发展核电的国家，现在，法国用电 70％以上是核电。由于用核电取代了大量的煤电，法国从 1980 年到 1986 年排放到大气里的二氧化碳减少了 56％；虽然同期汽车的数量增加，但是总的氮氧化合物的排放量还是减少了。同样，在美国，核电站的建设也使二氧化硫的排放量每年减少 500 万吨。

有人担心，核电站虽然不会产生大量的废气、废渣，但可能带来可怕的放射性污染。

确实，核反应堆里包藏着放射性物质，核电站的放射性主要来自核反应堆里的核裂变产物。但是，由于有了前面提到的三道屏障的保护，放射性废气、废液排放前又要经过一系列处理，再加上严格的排放标准和管理，因此在正常运行的条件下，核电站最终的放射性物质的排放量是很小很小的，根本不会对人体健康产生有害的影响。说来你也许不信，单是从烧煤电站排放出来的大量烟尘里的放射性物质，对周围环境造成的放射性污染，就要比同样容量的核电站多好几倍！

当然，随着核工业的迅速发展，世界上数以百计的核反应堆会产生越来越多的核废料，如何处理这些具有很强放射性的核废料是个日益受到人们关注的大问题。比如，光是在美国的土地下，就暂时埋藏着 8000 吨以上核电站的核废料，尽管这些核废料已经经过净化，但仍然具有相当大的危险性。

危险的核废料应当存放在哪儿？有人主张发射到太空中，有人主张

安置在南极冰层下，还有人建议沉落到大洋深处。但这三个去处都不是非常安全。现在看来，多数科学家还是倾向于把核废料深埋到地下土层中。

核废料在深埋之前先要进行技术处理。一种常用的办法是把核废料同硅的化合物混合，加热到 1000 摄氏度以上，然后冷却凝固成玻璃状小块；接着再把玻璃状小块放到特制的混凝土箱里，外加一层不锈钢，最后才深埋到地下土层中。只要地下土层的地理位置和地质条件选择适当，"包装"处理又好，放射性很强的核废料也可以安全地存放 1 万年以上。

还有人担心核电站会由于失去控制而像原子弹那样发生爆炸。这不可能。因为核反应堆的特性、结构与原子弹根本不同。原子弹里装的是纯度很高的"核炸药"，而核反应堆里装的却是浓度很低的"核燃料"，核炸药同核燃料相比，就像酒精跟啤酒相比一样，不管出现什么情况，甚至被炸弹命中，核反应堆也不会爆炸，顶多只会燃烧起火。

不过，话要说回来，同任何其他重大的技术发明一样，核电站也有可能给人类带来灾难的一面，而且确实已经发生过影响范围很大的核事故。但是，要正确衡量一种事物的安全性，那就不能只看一次事故的后果，而要看到发生这种事故的可能性或机率究竟有多大。

事实上，核电站问世几十年来，总共只发生过两次大的核事故——美国三哩岛核电站事故和苏联切尔诺贝利核电站事故（注：此书成书于日本福岛核电站事故发生前），而且发生事故的原因都同管理不严、操作失误有关。许多研究指出，核电站事故的风险远远低于其他事故的风险，这是因为核电站从设计到建设都特别注意保证安全，万一发生事故，也有一系列的应急措施来减轻事故的后果。

在三哩岛核电站事故中，尽管反应堆的堆芯熔化了，但最终只有少量的核裂变气体释放到环境中，核电站周围的水、土壤和植物的样品中都没有检测到放射性物质，这说明这次事故并没有造成大的环境污染。

这是一件值得庆幸的事，因为一座功率高达 94 万千瓦的电站发生了失去控制的严重事故，居然没有伤害任何一个人，有史以来还是第一次！

切尔诺贝利核电站同三哩岛核电站一样是一座百万千瓦级的大型核电站，而且都发生了堆芯熔化的事故，但主要是因为堆型不同，特别是因为切尔诺贝利核电站没有第三道屏障——安全壳的隔离作用，所以事故的后果要严重得多，至少死亡了30人，而且遗留下来的后患至今还没有完全消除。

请看，相比之下，有哪一种能源在安全方面的记录比核能还好呢？水电站大坝崩溃，火电站或油库失火，这类事故在世界各国屡屡发生；由于开采和使用化石燃料而造成的人员伤亡更是难以数计。例子信手拈来：1979 年，印度一座水电站的大坝爆炸，造成 15000 人丧生；1988年，英国北海一座石油平台下沉，有150多人死亡；1989年苏联的一条天然气管道由于泄漏而引起爆炸，正好有两列客车通过，炸死了600 多名旅客。全世界每年死于矿山事故的煤矿工人就数以千计。

说到这里我们就明白，核能确实是一种比较经济、清洁、安全的能源，目前世界上有好多国家都在大力开发和利用核能。

一个个新的核电站正在兴建，核电的增长速度一直超过火电。实践告诉我们，核电技术是成熟的，核电是一种安全可靠的能源，而且将会变得越来越安全可靠。现在不仅发达国家在继续建造核电站，许多发展中国家开发核电的积极性甚至更高。

到 1991 年底，全世界正在运行的核电站有 420 座，总装机容量为 3.266 亿千瓦；有 16 个国家的 76 座核电站仍在建设中。其中美国的核电站最多——110 座，装机容量最大——9975.7 万千瓦。在世界上 27 个主要核电国家中，有近半数国家的核发电量已占本国总发电量的 1/3 以上，有 3 个国家的核电比重已超过 50%。核电比重最高的国家是法国，达到 72.7%，也就是说，法国的每 4 千瓦时电当中，几乎有 3 千瓦时电是由核电站生产出来的。

1989 年，核发电量已占全世界总发电量的 17％，占世界能源总消耗量的 5％左右。由于化石燃料的比重在减少，更由于全球环境保护提出的要求，今后这个数字一定会有较多的增长。

我们应该怎么办呢？

我国有相当丰富的铀矿资源，有比较雄厚的核技术力量，我国应当适当发展核电。

我国自行设计、建造的第一座 30 万千瓦的浙江秦山核电站已于 1991 年 12 月 15 日并网发电成功；广东大亚湾核电站两个装机容量都是 90 万千瓦的一、二号核反应堆，也于 1992 年和 1993 年先后发电。国家已经把开发核能列入能源发展的长期规划。

你也许会问，核燃料不也是一种矿物燃料吗？它会不会也像煤炭、石油、天然气一样，不用很久就出现资源枯竭的问题呢？

现在核裂变能的主要原料是铀和钍，它们在地壳里的储量确实不多。拿铀来说，陆地上有工业开采价值的铀矿储量不过几百万吨，即使发展了快堆，也用不了多少年就会把这些资源耗尽。

但是，还有大海呢！海水里蕴藏着几十亿吨铀，比陆地上的铀矿资源不知要多多少倍。如果能把海水里的铀也提取出来为我们所用，这些铀所含有的裂变能就相当于上亿亿吨标准煤，按现在的消耗水平来计算，足可供人类使用百万年！

再说，裂变能只不过是核能的一种，威力和潜力更大的核能演出的好戏还在后头哩！

另一种核反应

我们已经知道了什么叫核反应。化学反应有分解和化合之分，核反应也有裂变和聚变之别。

前面我们讲的都是核裂变。像铀这样一类元素的原子都是重原子，铀原子核里包含着 92 个质子和 140 多个中子。质子和中子的数目越多，原子核的重量和体积越大；重量和体积一大就不怎么结实，不怎么稳定，甚至会被拉成卵形或肾脏形。这样，这种原子核一旦受到外来能量的"刺激"，比如受到中子"炮弹"的轰击，它就会加速变形，最终分裂，产生裂变反应。

裂变反应是"一分为二"，聚变反应则正好相反，它是由两个很轻、很结实的原子核"合二而一"，聚合到一起，变成一个比较重、比较大的原子核的过程。裂变反应放出的能量叫裂变能，聚变反应也会产生能量，这种能量当然也是核能，叫做聚变能。

世界上最轻的化学元素是什么？你已经知道，是氢，也就是氢气球里所装的气体。氢的原子核就是一个孤零零的质子，别的什么也没有。

不过，氢还有两个"兄弟"：一个叫氘，又叫重氢，原子核里多了一个中子跟质子做伴；另一个叫氚，又叫超重氢，原子核由一个质子和两个中子组成。因为它们的原子核里都只有一个质子，核的外围也只有一个电子绕着旋转，所以属于同一种元素，只是由于中子的数目不同，使它们的原子一个比一个更重而已。

除了氢这一家子，还有一些轻元素，如氦、锂、硼等等，特别是锂，也可以用作聚变反应的核燃料。

聚变反应释放出来的能量很大吗？

非常大！如当 1 千克的氘和氚发生聚变反应时，释放出来的能量与上万吨优质煤相等。也就是说，同等质量的核燃料，聚变反应释放出来的能量要比裂变反应大三四倍。

不仅威力大，而且聚变反应的核燃料来源丰富，真可以说是取之不尽，用之不竭的。

在氢家"三兄弟"中，氢是最普遍和数量最多的一个，氢氧结合成水，9 千克水里就含有 1 千克氢。但是，氢又是最难发生聚变的，要让两个带正电的氢核（也就是质子）碰到一块儿变成一个氦核，实在不是一件容易的事。

相对来说，最容易发生聚变反应的是氚。遗憾的是氚在自然界中的含量非常少，必须花费很大的力气和本钱才能提取出来，所以单独用它作核聚变燃料也不太合适。

氘比氢容易实现核聚变，数量又比氚多得多，因此用氘或氘和氚的混合物作核聚变燃料最有希望。

现在我们就以氘为例，看看自然界中究竟储存有多少核聚变燃料。

氢和氧结合成普通水，氘和氧结合成重水，普通水里就含有重水，也就是含有重氢——氘，尽管含量很少很少。1升海水中含有的氘可以提供相当于燃烧 300 升汽油所放出的能量，换句话说，一旦实现了核聚变，那么一桶海水就可以充当 300 桶汽油使用。

你想想，地球上可有的是水啊，尤其是汪洋大海里的水。海水里氘的含量是氢的 0.015％，全球海水共有 13.7 亿立方千米，这么一算，海水里就至少含有 20 多万亿吨氘，如果全部用作核聚变燃料，即使全世界的能源消费再增加 100 倍，也足够我们受用上亿年！

这里仅仅只是讲了氘，还有其他核聚变燃料呢！比如锂，锂受中子照射会得到氚，所以聚变反应也可以在锂核和氘核之间进行。地球上已知含锂的矿物有 150 多种，海水里就蕴藏着 2600 亿吨锂。

核聚变能还有一个极重要的优点，那就是它只会产生少量的放射性物质，而且保持放射性的时间比较短，所以它的放射性污染要比核裂变轻得多，一般不到核裂变的 1/30。又因为聚变反应是在受约束的稀薄气体中进行，即使出现故障，发生问题，也只是核燃料迅速分散，自动冷却而停止反应，不会造成严重的核事故。这就是说，核聚变能是一种比核裂变能更干净、更安全的能源。

大多数人相信，如果世界上真的存在着一种理想的最终能源的话，那么，它就是核聚变能。

不灭的"天火"

这样说来,通过对核聚变能的开发,人类社会的能源问题不就一劳永逸地解决了吗?

理论上可以这么说,实践上却不那么容易。

原子核聚变反应早在1932年就被发现,这比第一次实现人工核裂变的时间还早。

但是,实现人工核裂变比较好办,中子一轰击,不稳定的重原子核发生分裂,然后通过链式反应,就能持续地释放出能量来。

人工引发核聚变可不简单。因为只有两个轻原子核靠得很近很近时才有可能发生聚变反应,而由于原子核都带正电,彼此排斥,电子与原子核之间的距离又很大,因此在普通条件下,发生核聚变的可能性是非常非常之小的。

为了使大量的轻原子核有机会彼此靠近,迄今为止唯一可行的途径,就是使它们具有很大的动能,以便在高速运动和相互对撞的过程中,有更多的机会去实现聚变反应。

具体办法就是给它们加温。温度越高,原子的动能越大。

简单的计算结果告诉我们,如果氘的气体达到了几亿摄氏度的高温,它们就能产生足够数量的聚变反应;而对于氘氚混合气体来说,实现聚变反应的温度也必须高到1亿摄氏度。

难怪聚变反应又获得了一个新的名称——热核反应,聚变能也因此被叫做热核能。

热核反应已经有了人工实现的先例。什么呢?你可能已经猜着了——氢弹爆炸。

氢弹里装的核炸药是氘、氚、锂等轻元素。比如,1967年6月17

日，我国成功地爆炸了第一颗氢弹，这颗氢弹里装的核炸药就是氘化锂；1千克氘化锂的爆炸力，相当于5万吨烈性炸药梯恩梯。

氢弹是怎样爆炸的呢？也就是说，它是依靠什么来获得引发热核反应所需的极高温度的呢？

氢弹是用原子弹来引爆的，氢弹里的这颗小型原子弹，相当于普通炸弹里的引爆装置。原子弹爆炸时产生极高的温度和压力，使氘化锂中的锂转变成氚，并使氘和氚等发生聚变反应而在极短的一瞬间释放出惊人巨大的能量。这就是氢弹爆炸。

正像原子弹爆炸一样，氢弹爆炸也是不受人控制的，巨大的热核能眨眼工夫就释放干净，不能按照人们的意志来有效地加以利用。

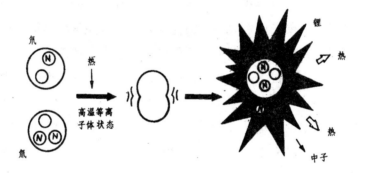

核聚变反应示意图

能像驾驭裂变反应那样，建造一种专门的装置——热核反应堆，来驾驭聚变反应吗？

应该是可能的，虽然很难。

大家知道，燃烧任何一种燃料，首先得把燃料用火点着，火点着了，燃料才能持续燃烧下去。对于热核燃料，情况也是如此，首先需要找到一种和缓的而不是激烈爆炸的"点火"方式，把热核燃料"点着"，并使"燃烧"产生的热量大于损失的热量，这样，这种"燃烧"才能在有控制的条件下持续进行。这就是受控热核聚变。

引发核聚变比引发核裂变困难得多，就像点燃一块煤要比点燃一根火柴困难得多一样。

在几千万乃至上亿摄氏度的高温下，原子中带正电的原子核和带负电的电子早已充分电离，形成所谓的等离子体。如何产生上亿度高温的等离子体，如何把这种等离子体保存在有限的空间内并维持一定长的时间，以便让热核反应能够充分地进行，这就是受控热核聚变研究的中心课题。

说得更具体一点，比如对于氘氚混合气体，如果温度达到1亿摄氏度，等离子体的密度为每立方厘米100万亿个，保持时间1秒，那么热核反应就达到了"点火"的要求，即使不再从外部加进能量，反应也能自动地进行下去了。

从1952年开始，国外在制造氢弹的同时也着手研究受控热核聚变。近70年来，进展虽然缓慢，但是从未停步。现在世界上有很多国家在研究受控热核聚变，试验装置数百台，结构类型几十种，并且正在向大型化的方向发展。

科学家们一方面研究使用各种方法来加热等离子体以达到更高的温度，另一方面又重点探索通过多种途径来更好地"约束"等离子体。这是因为，获得上亿度的高温固然很不容易，但是相对来说，最难的还是怎样"处理"这种等离子体——把它们"装"在一个"容器"里，达到一定的密度，维持一定长时间。世界上还没有找到一种材料能在这样高的温度下"面不改色"；任何种类的物质容器遇到这样的高温等离子体，都会被烧成灰烬，化作一缕青烟！

怎么办呢？

科学家们想到了磁和电的关系。他们想，既然热核燃料已经变成了带电的粒子，那就可以不用一般的物质容器把它们"装"起来，而是用强大的磁场把它们"约束封闭"在一定的空间里！

当然喽，约束高温等离子体并不是只有磁约束一种办法，还可以有

惯性约束等别的途径，而且即使约束方式一样，装置的结构也可以有不同的类型，现在看来，最有希望实现受控热核聚变的是用环形强磁场来约束高温等离子体的托卡马克装置。

技术的进步特别令人鼓舞。美国、日本、欧洲共同体等都已经建成大型的托卡马克装置，并基本上达到了聚变"点火"的要求。

比如1986年，美国普林斯顿大学的巨型托卡马克聚变试验装置就曾获得2亿摄氏度的创纪录的高温，这个温度超过太阳中心温度10倍。1991年11月8日和9日，欧洲14国的科学家在世界上最大的欧洲联合托卡马克装置上进行实验，首次以氘和氚为燃料，获得了前所未有的1.8兆瓦（1800千瓦）受控热核聚变功率，从而使热核能的和平利用又向前跨进了一大步。后来科学家又改写了上述记录。

我国是从1958年开始进行受控热核聚变研究的，一年以后就建成了第一个小型实验装置。现在，我们已经拥有中小型实验装置20多台，最大的一台"中国环流器一号"早在1984年就安装完毕，并在以后的试验研究中取得了可喜的成绩。此外，我们还制成了超导托卡马克装置，并在探索其他途径，特别在激光核聚变方面取得了重要进展。

科学家们说，实现受控热核聚变的3个必要条件，如今已分别达到，只可惜还没有同时达到，再加上耗资巨大，花样太多，一国承担不起，所以需要多国携手合作。现在国际上已经组成"受控热核试验集团"，决定实施联合建造热核反应堆的计划，并打算建成一座"国际热核试验反应堆"，以便进行更大规模的合作研究。

困难还有，但是前景光明，大有希望。

水中取氘的问题已经解决，提取费用甚至比生产浓缩铀还便宜。科学技术，特别是超导技术的进步，将加速受控热核聚变的实现。而一旦受控热核聚变取得成功，那么浩瀚的大海就将成为人类取用万世不竭的

"热核库"，长期以来困扰人类社会的能源问题也将最终得到解决。

什么时候呢？

不可能是近在眼前，也不会是遥遥无期。估计先建成受控热核聚变的工程实验堆，然后会有示范堆投入运行；至于大规模的应用，即商用堆的发展，那将是21世纪中期以后的事情了。

古希腊的神话不是说，地上的火种是勇敢的普罗米修斯从天上偷下来的吗？但是现在我们知道，真正的"天火"不是普通的火，而是太阳上不断进行着的热核反应之"火"，这种"火"人类直到1952年11月1日爆炸第一颗氢弹时才真正取得，而且至今还没有能完全驾驭利用。

"天火"终究是要被人类驾驭利用的，但这不能期待神的恩赐，而要靠人类自己的聪明才智和创造性的劳动。

三、太阳为我们做工

马采尔号战船的故事

这里讲一个故事，更确切一点说是一个传说。

事情发生在公元前 3 世纪。有一次，罗马人大举入侵希腊，一艘名为马采尔号的战船，满载罗马士兵，攻打希腊城市叙拉古。

正当形势万分危急的关头，守城的官兵和居民们忽然想起了阿基米德，因为阿基米德是一位鼎鼎大名的精通数学和物理学的大科学家，他发明了很多机械和机器，而且眼下他正好住在这座城市里。

怎样才能退敌解围呢？

阿基米德想出了一个主意，他让守城的士兵手里拿着一面由他设计制作的凹形的镜子，对着敌人的战船，把来自天空的太阳光集中反射到敌人的战船上。

这一招果然有效，集中的太阳光温度很高，不一会儿，马采尔号战船就燃起熊熊大火，船毁人亡，罗马人吃了一场莫名其妙的大败仗。

你也许已经听说过阿基米德，著名的杠杆定律和浮力定律就是这位古代大科学家发现的。他还提出了多种不同形状物体的表面积和体积的

计算方法，设计和制造了许多机器和建筑物。据说，后来罗马军队再次进攻叙拉古时，阿基米德曾用多种机械技术来帮助守城，打退了敌人的多次进攻，但终因寡不敌众，城被攻破，他也被杀害了。真是可惜！

传说不一定可靠，但它至少告诉我们，在2000多年以前，人们就有直接利用太阳能的卓越思想了。

其实，认识凹面镜的聚焦特性，利用凹面镜来反射太阳光取火，在我国比在欧洲有着更悠久的历史。有种说法是在3000多年前，我国人民制成了一种凹形的金属圆盘，用来会聚太阳光点燃长绒等物。这就是我国古书上所说的"铸阳燧取火于日"。

"阳燧"是指金属制的凹面镜，本意是利用太阳光取火的工具。也许可以这么说，它是后来各种聚光镜的祖先。

1747年盛夏的一天，法国巴黎骄阳似火。在景色优美的皇家花园里，一群人聚集在一起，此刻正进行着一项惊人的表演。

表演者的名字叫布封。你看，他用168块15厘米见方的镜子，把阳光从不同的角度反射出来，集中到一点。结果如何？聚集的阳光居然点着了60米开外的木头，烧熔了39米远处的铅条和18米远处的银丝。布封似乎是在重演2000年前阿基米德火烧马采尔号战船的故事。

观众哗然，莫不感叹叫绝。

几十年之后，著名的法国化学家拉瓦锡也进行了一次类似的试验，并且取得了更高的聚焦温度。

拉瓦锡订购了两块凹形的圆玻璃板，直径1.32米，对合起来以后在玻璃板的凹面之间灌满葡萄酒，同时把边缘密封好，这样就做成了一个很大的双面凸透镜。阳光照来，通过透镜，会聚到一点，把熔点高达1540摄氏度和1750摄氏度的铁和铂都熔化成了液体。

这可能是人们第一次真正领教太阳的威力。

阿波罗的威力

太阳是光明和温暖的象征。它伟大庄严，慷慨无私，一刻不停地把大量的光和热洒向四面八方。

万物生长靠太阳。正是因为有了太阳的照耀，地球上才有光明和温暖，才有生命的欢乐，才有我们今天这样一个文明发达的世界。

太阳给人以神圣威严的印象，世世代代受到人们的感激和敬仰。古人写下了很多赞颂太阳的文章和诗篇，也流传下来不少有关太阳的神话和传说。

比如在古希腊的神话里，太阳的东升西落被说成是太阳神阿波罗驾驶着太阳车在天空中从东向西行驶的结果。有一次他的儿子驾驶着他的太阳车驶过天空，由于张慌失措而丢落了缰绳，马儿到处乱跑，结果云层着火冒烟，大地灼热开裂，生物失水烤干，城市起火，森林被毁，河川干涸，大海凝缩……

看来，人们早就意识到太阳的威力了。

现在我们知道，在茫茫无垠的宇宙太空里，太阳不过是一颗极其普通的恒星。它是一个巨大炽热的气体球，直径 139 万千米，体积有 130 万个我们地球那么大。

金焰四射的太阳充满着活力。它的表面是一片烈焰翻腾的火海，温度 6000 摄氏度左右；内部有强烈的对流运动，中心温度高达 1500 万～2000 万摄氏度。

你恐怕压根儿也不会想到，一个体积如此庞大的天体，竟主要是由自然界里最轻的元素氢组成的。前面我们说过，氢在高温高压的条件下会发生热核反应，太阳的内部正好具备这个条件，于是太阳就成了一个天然的热核反应堆，不断地发生着氢核聚变成氦核的过程。

热核反应的巨大威力我们刚刚介绍过,太阳在 1 秒钟内通过热核反应释放出来的能量,相当于爆炸910亿颗百万吨级氢弹,或者燃烧 1.3×10^{16} 吨标准煤所发出的 3.77×10^{26} 焦的热量,也可以说它具有 3.75×10^{23} 千瓦的辐射总功率。

太阳一刻不停地以辐射的方式向四面八方释放能量,其中只有 22 亿分之一长途跋涉 1.5 亿千米来到我们地球上,在穿越地球大气层时又被反射吸收掉很大一部分,最后到达地球表面的太阳能,大约还有 80 万亿到 85 万亿千瓦,差不多等于人类每年所需能量总和的 5000 倍。

这就是说,只要每年把地球表面不到 1 个小时内接收到的太阳能,或者把一块长 300 千米、宽 100 千米地面上接收到的太阳能统统利用起来,就能满足全世界目前对能源的需求。

没有错,太阳能是我们这个行星上可以获得的最主要、最基本的能源,地球上几乎所有的生命活动和自然现象,都同太阳有关系。太阳能既是地球上一切生命活动的依赖,也是我们人类社会物质财富的基本源泉。

你看,拿我们古往今来所用的一些主要能源来说,就几乎都是直接或间接地由太阳能转化而来,是太阳能的不同储存方式。

太阳光照射到地球上,使地球上的空气、陆地、海洋受热。由于各处受热情况不同,加上地理环境等的影响,结果出现了风、霜、雨、雪等天气现象,同时也产生了风能、水能、波浪能等可供利用的能源。所以说,风能、水能、波浪能等其实都是太阳能的表现。

在太阳光的照射下,古代的绿色植物通过叶绿素的光合作用,能把简单的无机物变成复杂的有机物,一方面用来构成自身的机体,另一方面也作为食物满足其他生物的需要。地球上各种生物生长发育的过程,实际上就是它们在机体内积累太阳能的过程。以后这些生物由于地壳运动被埋到深深的地下,经过长期高温、高压的作用,慢慢地就变成了煤炭、石油、天然气等化石资源。这几种目前最常用的化石能源,归根到

底是古代绿色植物通过光合作用蓄积起来的太阳能！

人类原来一直在利用着太阳能，不过主要是间接地利用罢了。

这事儿说起来似乎有点怪：阳光普照，到处都有，取之不尽，用之不竭，不用花钱，而且干净清洁，不会污染环境，可为什么几千年来我们始终只是间接地开发利用太阳能，而没有想到直接开发利用呢？不开发利用不也是白白地浪费吗？

这跟太阳能的两个特点也是弱点分不开。

你看，正因为阳光普照，很不集中，所以虽然太阳能的总量很大，但是分布到地球单位面积上的能量密度却很有限，晴天最高值也不过每平方米 1000 瓦，全年平均值只有每平方米 500 瓦左右。这样，为了获得一定数量的太阳能，就必须在相当大的面积上收集，而面积一大，困难就多，费用就高，竞争力自然也就赶不上那些能量密度大的煤炭、石油、天然气等化石能源了。

再说，对于一个具体的地点而言，太阳能的强度往往很不稳定：白天有阳光，晚上看不见；晴天天空明亮灿烂，阴天天空昏暗低沉；夏季阳光强烈而且日照时间长，冬季阳光微弱而且日照时间短。总之，昼夜交替、晴雨变化、季节转换，都会影响太阳能的供应。你如果想补救这个缺陷，就不得不配置一些复杂昂贵的附属设备，以解决大量太阳能的储存问题。

正是因为这些缘故，在过去的几千年里，除了零星的晒干谷物、海水制盐、温室种菜等之外，人们始终未曾大规模地直接开发利用太阳能，而是宁愿满足于把它称为"未来的能源"。

当然，未来应该从现在开始。能源专家们已经在开发利用太阳能的理论、材料、配套技术等方面做了大量的工作，太阳能在某些场合下已经成为一种重要的辅助性能源，在采暖、空调、供热、干燥、蒸馏以及发电等方面得到了日益广泛的应用。太阳能工业正在崛起，显示出大有希望的前景。

从"热箱"谈起

现在，利用太阳能工作的器具品种繁多，不过利用的途径归纳起来不外乎两种：一种是把太阳光变成热，另一种是把太阳光变成电。

用太阳能来加热物体可以说是最简单的一种利用太阳能的办法。事实上，人类有意识地利用太阳能，正是从取暖、加热、干燥、采光等诸如此类的热利用开始的。直到今天，在各种各样的太阳能利用技术中，太阳能加热仍然是最普遍和最有实用价值的一种。

在太阳光下晾干衣服，干燥粮食，晒海水制盐，这些都是太阳能热利用的最早例子。只是这类利用的效率太低，而且在数量上也太微不足道了。

做成一只箱子一样的容器，四周和底面是木板，分两层，中间填充干木屑、玻璃纤维、泡沫塑料一类的隔热材料，以阻止热量散失。箱子内表面涂黑，为的是增强吸收阳光转变成热的能力。箱子上面用玻璃或其他透光材料盖严，这类材料既透光，又隔热。

这样，当太阳光投射到箱子上的时候，90%以上的太阳光将通过玻璃等透光材料进到箱子里，涂黑的箱子内表面会把太阳光很好地吸收起来，而往外散热却很不容易，箱子于是成了一个六面不透热的"大蒸笼"。进入箱子里的阳光大多变成了热量，而跑出箱外的热量则很少，结果是箱子里的热量越积越多，可以得到比箱子外面高得多的温度。这些被箱子收集起来的热量，可以用于加热其他物质，也可以储存起来备用。

这是一种最普通的集热装置——平板式集热器，也叫热箱，这样的集热方式于是也就称做热箱原理。

热箱原理又叫温室效应。我国北方不是常用温室来种植蔬菜吗？温室的四周都是玻璃，实际上是一间玻璃房。冬天，室外寒风刺

骨，滴水成冰，可室内却温暖如春，各种蔬菜照样生长，靠什么？靠的就是太阳能！

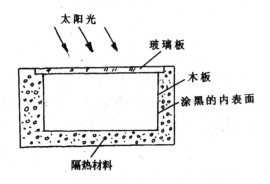

热箱示意图

温室效应

塑料大棚育苗也是这个道理。

利用这种热箱式的集热器，可以做成许多太阳能器具。

太阳能热水器是一种最简单、最实用的太阳能器具。它的样式很多，不过一般都由集热器、贮水箱和冷热水管等几部分组成。平板式集热器里铺设着许多涂黑的水管，让水从管中流过，就可以利用太阳能把水加热。

平板式集热器通常能把冷水加热到五六十摄氏度甚至更高的温度，供洗涤、洗澡、炊事、低温发酵等家庭生活和工农业生产使用，具有节省燃料、清洁卫生、不需专人管理等优点。特别在广大农村、乡镇、沙

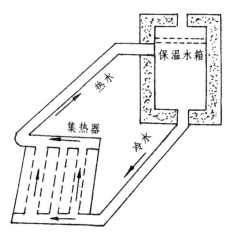

太阳能热水器工作原理

漠、高原、海岛、边防哨所，以及缺乏燃料而又交通不便的地方，更是推广应用太阳能热水器的好场所。

　　太阳能热水器的研究和应用已经有几十年的历史，20世纪20年代末首先出现在美国，30年代在日本流行，以后澳大利亚也大力研制和生产。不过，太阳能热水器真正进入较大规模的实用阶段，却是20世纪70年代以来的事。

　　后来，太阳能热水器的品种越来越多，技术越来越先进。至20世纪80年代，澳大利亚已有1/10以上的家庭用上了热水器，日本的用户早已超过700万，以色列装有热水器的住宅占全国住宅总数的2/3。就连太阳光照射条件不怎么好的英国，也对太阳能热水器很感兴趣，光是1985年就销售了50万台。

　　在我国，太阳能热水器的用户也在增多。到1985年，全国有热水器生产厂家100多个，累计生产太阳能热水器集热板50多万平方米，每年可为国家节约煤炭10多万吨。山东省科学院研制的一种黑瓷太阳能热水器，安装在住宅楼的阳台或房顶上，每平方米每天可为用户提供40～60摄氏度的热水70～140千克，供50个家庭洗澡和饮用。

在太阳光下晒干蔬菜、果品是极平常的事，千百年来人们一直在采用着这种最直接、简单的干燥办法，既不需要什么设备，使用起来又极方便。但是，自然干燥费工费时，容易受到尘土的污染和虫鸟的侵害，而且干燥的效果和质量也比较差。

为了提高干燥的质量和效率，人们研制出了多种太阳能干燥器，或者直接放在封闭的集热器里干燥，或者先由集热器把空气加热，再使用吹风机把热空气吹到需要干燥的物品上进行干燥。

太阳能干燥器常被用来干燥或烘烤谷物、鱼肉、烟叶、果品、木材、皮革、药材、橡胶、蚕丝等。同自然干燥相比，太阳能干燥器的干燥效率要高得多，且可避免污染，减少损失，节省能源，保证质量。我国广东东莞果品加工厂使用一种荔枝、龙眼太阳能干燥器，面积 59 平方米，最高干燥温度 72 摄氏度，比传统干燥法缩短干燥时间 2/3，产品可以达到特级品或一级品标准，两三年后就能收回全部投资。

现在我们再来说说太阳能蒸馏器。

太阳能蒸馏器的模样很像温室，也是利用热箱原理制成的。顶上有倾斜安置的玻璃板或塑料薄膜，底部水池里盛放着要蒸馏的海水或咸水。太阳能把海水或咸水加热成蒸汽，蒸汽上升碰到透明的"屋顶"，遇冷凝结成淡水，顺着倾斜的"屋顶"落进两旁的淡水槽里流出去，而盐分和其他杂质则滞留在水池里。

早在 1872 年，南美的智利就建成了世界上第一座太阳能海水淡化站。这种海水淡化装置构造简单，使用方便，通常每平方米面积每年可以获得几百千克到 1 吨以上的淡水。许多国家已经建成中等规模的示范试验厂，每天可以淡化海水几十吨。

海岛和沙漠缺少淡水，但四周有海水或地下有咸水，加上这里气候炎热，阳光强烈，所以用太阳能蒸馏器生产淡水最为合适。1979 年，我国在西沙群岛的中建岛上建造了一座海水淡化站，每天生产淡水 2 吨，供岛上居民饮用。

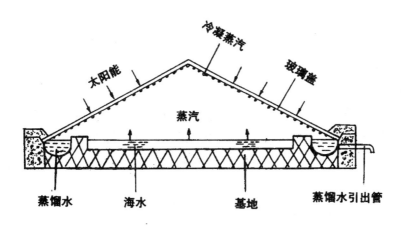

太阳能海水淡化站示意图

太阳能不仅可以用来取热，还可以用来制冷。你不觉得奇怪吗？

不足为奇。你家里用的电冰箱就是一种制冷机，不过它用的是电能，而太阳能制冷机用的是太阳能。

有好几种太阳能制冷机，其中应用比较普遍的一种是吸收式制冷机。这种制冷机由太阳能集热器、冷凝器、蒸发器、冷藏室等几部分组成。太阳能集热器把一种沸点比较低的氨水加热，使它变成气体进入冷凝器；气体在冷凝器里被冷却水冷凝成液体后，再来到压力比较低的蒸发器，一下子体积迅速膨胀变成气体，同时吸收周围大量的热能，使与蒸发器相连的冷藏室骤然变冷，温度可以降低到-10～-5摄氏度。

你看，正当夏季烈日炎炎、酷暑难熬的时候，也正是太阳能制冷机最有作为的时候，它可以充分利用火热的阳光来制冷，或者用于冷藏食物，或者用来制造冷饮。

更有意思的是利用太阳能来调节温度——采暖和降温，建造冬暖夏凉的"太阳房"。

我国位于北半球，大多数房屋坐北朝南，目的就是为了充分利用太阳光。从本质上来说，建造太阳房所依据的也是这个道理，只是它的结

构要比普通房屋复杂一点，有的还要添加一些附属设备。进一步说，普通的太阳房实质上可以看作是一种太阳能的集热器或蓄热器。

19世纪70年代初期就出现了第一个太阳房设计，但没有多大实用价值。20世纪30年代在美国建成了第一批试验性太阳房，冬季的几个月中室内温度可高达20多摄氏度，但也没有引起多少人的注意。直到20世纪70年代才掀起了一股"太阳房热"，世界各地建造了一大批太阳房，其中光是美国1981年就建造太阳房5万栋，可以节约建筑供热能源40%～80%。

太阳房分两类，主动式太阳房和被动式太阳房。主动式太阳房使用集热器、蓄热箱等供房屋采暖、空调或生活用热水；被动式太阳房不用集热器等一类装置，而是把太阳的热能自然引入屋内，供取暖、通风之用。

建造被动式太阳房是建筑中利用太阳能的一种最简单的方式。它的南墙上设有双层大玻璃窗，太阳光可以直接从窗户射进室内，以提高室内温度。玻璃窗的后面砌了一堵涂黑的墙，用以吸热和蓄热，墙的上下部设有通气孔。

冬天天冷，白天阳光透过玻璃窗照到墙上，空气被墙加热，顺着墙的上部通气孔流入室内，使室内空气变暖；晚上墙把白天储蓄的热量慢慢释放出来，以保持室内一定的温度。夏天天热，由于屋檐的遮挡，阳光照不到墙上，而室内的热空气却可以通过双层玻璃窗上的通气孔向外排出，形成自然对流，从而降低室内温度。

美国设计了一种新的太阳房，它的屋顶是瓦楞形的钢板，上面铺有装满水的大塑料袋，塑料袋上又有可移动的隔热盖板。夏季，白天用盖板盖住塑料袋，让水保持较低温度，用以吸收室内的热量；夜间打开盖板，排出塑料袋里的热气，使水的温度下降。冬季正好相反，白天打开盖板，阳光照到塑料袋上，给水加热；晚上用盖板把塑料袋盖严，让水中储存的热量慢慢释放，使室内空气变暖。这种太阳房结构简单，容易

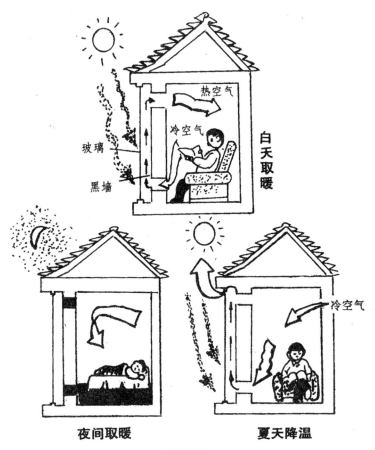

热空气

冷空气

玻璃

黑墙

白天取暖

夜间取暖

冷空气

夏天降温

太阳房结构

制造，便于推广。

国外还推出一种多用途、全功能的太阳房，它冬季可以采暖，夏季可以降温，平时供应热水，甚至还能给家用电器提供电力。住在这样的太阳房里，冬暖夏凉，舒适而又方便。

我国东北和华北地区气候寒冷，每年冬季采暖需要消耗大量的能源。1977年起我们开始建造太阳房，大多数是被动式太阳房。冬季室外气温降低至-20摄氏度，室内气温却可维持在8～12摄氏度以上。

太阳房的建造费用只增加 15％，可采暖费用却节约了很多——如果原来采暖用煤需要 1000 千克，如今则仅需二三百千克就够了。

现在世界各国都在仿效日本和以色列，广泛使用太阳能集热器。估计到 2030 年，太阳能集能器将会使世界上的大多数住户用上热水。成千上万个太阳能集热器将出现在千家万户的屋顶上，成为城镇建筑的典型景观。这还不算，到那时，太阳房也将大为普及，以太阳能为能源的建筑设计，一定会使千百万幢建筑实际上不再需要人工调节温度。

"阳燧"的后代

收集太阳能，除了使用四周密封、上面透光的热箱，还可以学习我们老祖宗的办法，用镜子捕捉太阳光。

我们首先想到的是玻璃透镜，因为我们大多数人可能使用过这种玩意儿——放大镜，它能将太阳光聚集成一个明亮的光点——焦点，把纸点着并燃烧起来。

我们也会想到像探照灯一类的聚光镜，光照到聚光镜的镜面上，会被反射回去聚集成一个焦点，从而获得比平板式集热器高得多的温度。

前面已经说过，我们的老祖宗早就这么做了，"阳燧"——一种凹形的金属圆盘——就是今天一切聚光镜的祖先。

现代聚光镜有多种类型，最常见的一种是凹面抛物线型反射聚光镜。它们的个子有大有小，镜面涂上一层铬、铝、银之类的金属，可以增强反射光线的能力。

阳光照射到反射镜镜面上，80％以上将被反射回去，在离镜面一定的地方聚集成为一个焦点，可获得几百甚至上千摄氏度的高温，炊事、蒸馏、海水淡化乃至高温冶金、动力机械等都用得上。

太阳是移动的，不会老呆在空中某一个地方。为了更好地利用太阳

能，聚光镜需要附设一种专门跟踪太阳的"追日装置"，使聚光镜像"葵花向阳"一样始终对着太阳，这样可以收集到更多的太阳光。

这种聚光式的集热器有很多用途。

最普通的用途是制作太阳灶。

据说最早的太阳灶是 1860 年问世的。法国人马可脱奉法国皇帝拿破仑三世之命，要为驻守在非洲的法国军队制作一种利用太阳能做饭的炊具，马可脱制作的正是这种聚光式的太阳灶。

太阳灶的使用如今已相当普遍。比如，我国有些地区缺煤少柴，而阳光却很充足，这类地区就很适宜于使用太阳灶。

聚光式太阳灶的样子像把倒撑着的伞，由反射镜面、支架、锅架等几部分组成。一般反射镜的直径不过 1.4～1.6 米，用涂铝的涤纶薄膜制作，又轻又软，可张可收，随身携带，使用方便。反射镜反射的太阳光集中到锅架处的炊具上，温度高达几百摄氏度，烧水、做饭、炒菜、熬药等样样能干，很受用户欢迎。

聚光式太阳灶

　　我国从 20 世纪 50 年代起开始研制太阳灶，到 1985 年已有太阳灶 10 万台，成为世界上使用太阳灶最多的国家。

　　当然，太阳灶不全是聚光式的，也有的采用热箱集热，热箱上装盖两层甚至更多层玻璃，从而使箱内温度增高到 100 甚至 200 摄氏度。这种太阳灶可以用来蒸饭、烤饼、炖肉，也可以用于医疗消毒。

　　澳大利亚悉尼大学研制出了一种多用途太阳灶，不仅可像煤气灶和电炉那样用于炊事，而且能够提供热水和开动制冷机。新太阳灶还有储热装置，能够储存热量，放在室内，到太阳落山之后使用。

　　聚光镜的数量越多，面积越大，获得的焦点温度越高，这样可以制成太阳能焊接机和太阳能高温炉。

　　法国南部的比利牛斯山山坡上有一座曾是世界上最大的太阳能高温炉，它是 1970 年由特朗布负责建造的。太阳光不是直接照射到凹面聚光镜上，而是先照向对面山坡上的平面反光镜，再由反光镜把阳光反射给凹面聚光镜。巨型的平面反光镜有 63 组，每组 180 块镜片。聚光镜是固定的，反光镜却能自动跟踪太阳。

　　巨型的聚光镜装置有 9 层楼房那么高，共有 9000 块小反射镜组合而成，总面积达 2500 平方米，输出功率 1000 千瓦，聚焦后形成直径为 30～60 厘米的光斑，光斑温度最高可达 3200 摄氏度。据说这座太阳能高温炉后来已改建成太阳能热电站，发电功率为 1000 千瓦。

　　在克里米亚半岛的黑海沿岸，苏联也建成了一座大型的太阳能高温炉。这座高温炉的工作原理同法国比利牛斯山上的高温炉完全一样，由两个直径为 15 米的凹面聚光镜和一些跟踪太阳的平面反光镜组成，聚光后的光斑温度高达 3500 摄氏度。

　　太阳能高温炉升温、降温快，温度高，不用燃料，不产生有毒有害气体和其他废物，称得上是世界上"最干净的炉子"。它不仅可以用来制取超纯材料、难熔材料、高温半导体材料以及其他特种材料，满足国防、航空、电子等工业部门的需要，而且可以用于高温科学技术研究，

是模拟核爆炸高温区情况的理想工具。

美国芝加哥大学的科学家们取得了一项开创性成就，他们用抛物面反射聚光镜把太阳光集中导入一个银制的中空圆锥体中，这个圆锥体内盛满反射能力很强的油，阳光经过它的反射，光束益加集中，得到的太阳能强度是太阳光照射到地球上正常强度的 5.6 万倍，达到每平方厘米 4.4 千瓦，超过以往的聚能记录两倍以上。这一成就有希望在空间通信、激光技术以及材料加工等领域获得重要应用。

既然聚光镜能把太阳光集中起来变成热并获得高温，那能不能进一步把热能变成机械能，再把机械能转换成电能呢？

没有问题，太阳能热机，包括太阳能热气机和太阳能蒸汽机，就是把太阳能转换成机械能的一种装置。

早在公元前 1 世纪，埃及人就发明了最早的太阳能热气机——太阳能热气泵。他们把密封的容器放在阳光下曝晒，容器里的空气受热膨胀，将装在容器里的水由低处压向高处。

后来太阳能热气机几经改进，到 1816 年，苏格兰人斯特林发明了一种斯特林机。简单来说，这种新的太阳能热气机由聚光器、气缸、气轮和冷却器等几部分组成，由聚光器聚集太阳光，加热气缸里的空气，热空气膨胀，就推动活塞和飞轮做功。

斯特林机结构简单，振动较小，工作安全可靠，特别是用来发电，无论是小规模的还是大规模的，安装都很方便，而且效率很高。

第一台太阳能蒸汽机是 1866 年在法国问世的。原理很简单，把太阳光收集起来变成热，用来加热盛装水的锅炉，使锅炉里的水变成蒸汽，由蒸汽去推动蒸汽机工作。

如果用平板集热器集热，所得温度不高，这样的太阳能蒸汽机的功率比较小，只能用来带动制冷机、小水泵和电风扇等工作。如果用聚光式集热器集热，可以得到 200 摄氏度以上的高温，蒸汽机的功率就比较大，能够带动大型水泵提水灌溉，或者驱动发电机发电。

利用太阳能发电，通常使用的办法是在一片开阔的土地上，设置许许多多圆盘形的反射聚光镜，把从各个角落收集的太阳光反射到高塔上的一个特制锅炉上，使锅炉里的水或其他液体受热，变成高温高压的蒸汽，再由蒸汽去推动涡轮发电机发电。这片设置有许许多多反射聚光镜的场所被称做太阳能收集场，这样的收集场当然最好是选址在阳光强烈而又是不毛之地的荒漠地带。

除了圆盘形的反射聚光镜外，还可以使用凹槽形的聚光镜收集阳光。凹槽形聚光镜的外形像个带罩的日光灯，真正的聚光镜就是那个灯罩，也是抛物面形的，不过它不是把太阳光反射聚集到一点，而是聚集到位于凹槽之中的一根管子（相当于日光灯管）上。当水或其他液体从管子的这一端流进并通过管子的时候，它就会被加热，最后从另一端流出高温高压的蒸汽，这蒸汽即被用来驱动发电机发电。

这叫做太阳热发电，这样的发电站叫做太阳能热电站。

日本在 1975 年建成了第一座 10 千瓦的塔式太阳能热电站。1 年之后，法国也建成了一座，装机容量是 64 千瓦。以后这样的电站越建越多，越建越大，仅仅在 1981 年一年时间里，世界上就有 3 座功率为 1000 千瓦的太阳能热电站投入运行。接着，1982 年又有两座装机容量分别是 1000 千瓦和 2500 千瓦的太阳能热电站建成。

不仅美国、英国、意大利、法国、瑞士等发达国家在发展太阳热发电，一些发展中国家也在开始建造自己的太阳能热电站。比如，1990 年，印度在哈里亚那邦的古尔冈太阳能中心，为它的第一座 56 千瓦的太阳能热电站举行了落成典礼。

美国在太阳热发电技术方面取得的成就最大。建造在加利福尼亚州南部巴斯托市附近的"太阳能 1 号"电站，占地 40 公顷，地面有 1818 面聚光镜，每面聚光镜的面积是 39 平方米左右，总面积约 7.1 万平方米。聚光镜在电子计算机的控制下自动跟踪太阳，把阳光集中反射到 90 米高的塔顶锅炉上，产生的蒸汽温度高达 516 摄氏度，用来推动汽

新能源时代

XINNENGYUAN SHIDAI

轮发电机发电。整个电站只需 4 个人管理，装机容量 1 万千瓦，发出的电可供 5000 户城镇家庭使用。

有"太阳热能技术之王"之称的美国卢兹公司，在加利福尼亚州洛杉矶东北的莫哈韦沙漠建成了 8 个巨大的太阳能收集场，到 1990 年 5 月，已形成总计约 27.5 万千瓦的发电能力。

装机容量为 1.38 万千瓦的 1 号发电系统于 1984 年年底投入运行，以后又陆续有 7 个系统建成投产，一个比一个功率更大，技术更先进，经济效益更好。1990 年投产的第 8 号发电系统，安装了近 20 万面聚光镜，组成了 852 个太阳能集热器，装机容量 8 万千瓦，建设时间只用了 9 个月，发电成本不到 1 号发电系统的 1/3，比新建核电站的发电成本还低。8 号发电系统同烧油的电站相比，工作期间可以少往大气中排放 15 万吨二氧化碳，减少石油进口 2.8 亿美元。

在后来三四年内，卢兹公司还建造 9～12 号发电系统，为阳光充足的加利福尼亚州提供 80 万千瓦的电力。对美国全国来说，到 20 世纪末，太阳能热电站的发电能力增加到 100 万～200 万千瓦。

1986 年，苏联在克里米亚建成了一座 5000 千瓦的太阳能热电站，年发电量 700 万千瓦时，可节约发电用标准煤 2000 吨。当时他们还计划在乌兹别克共和国的卡拉库姆建设一座 30 万千瓦的世界上最大规模的太阳能热电站，用 7.2 万面反射聚光镜收集太阳能，加热装在 200 米高塔顶上锅炉里的水，生成的蒸汽用来推动涡轮发电机发电。

太阳热发电虽然有不少明显的优点，但也存在着某些严重的不足。

太阳能热电站必须占用大片的土地来设置反射聚光镜。比方说，一个发电能力为 1 万千瓦的太阳能热电站，占地面积大约 20 多万平方米，这比建设一座同等功率的核电站要大 30 多倍！

太阳能热电站存在的另一个问题是"开工不足"。因为晚上和阴雨天没有阳光，没有阳光又怎么能发电呢？

为了解决这个问题，有的保留了烧油发电设备，以备阴雨天时用来

发电；有的设置了蓄热地，利用水、油、氟石、低熔点盐类等某些吸热本领很大的材料，在晴天有阳光的时候把一部分热吸收并储存起来，到阴雨天或夜间没有阳光的时候拿出来使用。尽管采取了这些措施，增加了不少设备，但仍不能从根本上解决问题。

奇妙小硅片

下面是一则电讯。

合众国际社1982年7月7日英格兰曼斯顿电："太阳能挑战者"号飞机星期二从法国飞到这里，成为飞过英吉利海峡的第一架由太阳能电池提供动力的飞机。这架飞机的机身长6.7米，翼展14米，用人造薄膜、人造纤维和塑料制成，重量仅90千克。飞机机翼表面装有16000个太阳能电池，给2.7马力的电动机提供动力，巡航高度2890米，估计时速41～46千米。

这种太阳能飞机经过改进，1990年8月又完成了横跨美国本土、航程3600千米的飞行。

看到这里，你准会提出问题：这太阳能电池又是什么呢？

前面我们讲到了太阳热发电，那是先把太阳光能变成热能，热能变成机械能，再由机械能转换成电能。这样环节太多，工艺过程太复杂。有没有办法把光能直接变成电能呢？

有的，太阳能电池就能帮助我们做到这一点。

早在1887年，德国科学家赫兹发现，某些物质在光的照射下会放出电子，这种现象被称为光电效应。以后经过60多年的努力，1954年，人们才发明了第一个能把太阳光直接变成电的装置——太阳能电池。

制作太阳能电池用的都是半导体材料。根据使用材料的不同，太阳

能电池又可以分为硅电池、硫化镉电池、磷化铟电池、砷化镓电池、有机半导体电池等，其中硅电池还有单晶、多晶、非晶之别。技术比较成熟和使用比较普遍的是单晶硅电池，单晶硅和多晶硅电池要占整个太阳能电池使用量的 2/3，但是非晶硅电池和砷化镓等化合物电池大有前途。

硅太阳能电池是一块小小的硅片，像纸一样薄，可以做成各种形状。它的结构简单，一面均匀地掺进一些硼、镓或铝等元素，另一面均匀地掺进一些磷、砷或锑等杂质元素，最后在薄片的两面装上电极，一个硅太阳能电池就做成了。

真是妙得很！把这样一块小巧玲珑的电池放到太阳光下，接通电路，电线里就会有电流通过，硅太阳能电池在这里轻而易举地把光能变成了电能。

单个的太阳能电池能力太小，不能直接用做电源。可以把许许多多太阳能电池有规则地组合起来，串联或者并联，做成一块块具有一定容量的太阳能电池板使用。

太阳能电池问世不久，1958年首先被用到美国的先锋1号人造卫星上。现在世界上大多数的航天器，都由太阳能电池给它们的电子仪器和设备提供电力，功率从几瓦、几百瓦到几千瓦不等。你知道，航天器对电源的要求特别苛刻——体积小，重量轻，使用寿命长，能经受冲击、振动、高低温等的考验，而太阳能电池在这些方面都有上乘的表现。

在军事上，太阳能电池已用作部队通信设备的电源。公路旁的电线杆顶端安装一块太阳能电池板，将阳光变成电能后向蓄电池充电，充电一次就可以供电话机连续使用 36 小时。20 世纪 80 年代初期巴黎出现了一种装在帽子上的太阳能收音机，只要有阳光照射便能收听，使用非常方便。同样的道理，把太阳能电池安装在战士的钢盔上，配上报话机，就构成了一个小巧的"钢盔电台"。

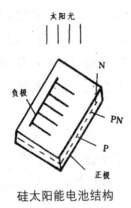

太阳光

N

负极

PN

P

正极

硅太阳能电池结构

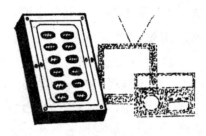

太阳能电池板

在工农业生产中，太阳能在偏僻山区、沙漠地带和缺少能源地区的无人灯塔、航标灯、信号灯、无人气象站、地震观测站、微波中继站、沙漠抽水站、草原牧场电围栏、杀虫黑光机、机场跑道显示、河流水文和森林火灾监测等方面得到了广泛的应用。拿航标灯来说，光是美国海岸就已有11000多个航标灯靠太阳能电池供电。过去使用普通电池供电时每年需要更换200多千克电池，如今用上太阳能电池后，每5年只要更换30千克电池就够了。在欧洲的航标灯中，也已有很多改用太阳能电池供电。

太阳能电池还来到我们的日常生活中，用在耗电量小的录音机、助听器、计算器、手表、保温瓶、家用照明灯、收音机、电冰箱、空调器等家用电器上。现在，花钱为手电筒买不能充电的电池的人越来越少了，市场上出现了一种便携式的太阳能充电器，能够利用太阳能给照相机、录音机乃至小汽车上的电池充电。国外还建成了一些用太阳能电池供电的小型电台、电视台、医院、学校、旅馆等。

太阳能电池不仅能给飞机提供动力，也可以用到其他交通运输工具上。

各种各样的太阳能汽车真可谓五花八门。

墨西哥试制的一种太阳能汽车像一辆三轮摩托车，车顶上架有太阳

太阳能飞机

能电池板，时速40千米，但不能行驶太远。1983年，澳大利亚一辆太阳能汽车完成了世界上第一次横跨一个大陆的旅行，历时 20 天，行程4000 千米，平均时速 30 千米。1986 年，一位法国机械师驾驶着他自己设计制造的一辆十分简陋的太阳能汽车，经尼日尔、布基纳法索、马里最后到达达喀尔，一共跑了 19 天。

在太阳能技术领域里处于领先地位的美国和日本，研制了不少新型先进的太阳能汽车。美国通用汽车公司设计制造的太阳辐射者号太阳能汽车，装配精巧，扁扁的车头，椭圆形的车身，流线型的外形，创造了时速78.4千米的纪录。日本研制的太阳神3号太阳能汽车，车体用超轻碳纤维材料制成，重量只有 150 千克，所用单晶硅太阳能电池的光电转换效率为 19.3%，最高时速可达 100 千米。

但是，在 1990 年举行的澳大利亚太阳能汽车挑战赛上，冠军却出人意料地被一辆瑞士车别尔精神号获得。这辆车以先进的太阳能电

池做动力，用高强轻质材料做车身，加上像火箭一样的流线型外壳，在比赛中曾达到每小时 105 千米的高速，逆风行驶时速度也有每小时 70 千米。

1994 年 11 月，又有一辆极光号太阳能汽车完成了从澳大利亚西部珀斯到东部悉尼的 4000 千米的行程，创造了太阳能汽车 8 天横跨澳洲的新纪录。

太阳能飞艇已由日本的三洋电机公司研制成功，取名寻找太阳者号，它的最远航程可达 2000 千米。

德国的沙夫林教授设计制造了第一艘太阳能船的样船。1991 年 8 月 5 日，一艘被命名为"光环"的太阳能船带着轻微的嗡嗡声掠过博登湖的水面。船长 7.5 米，可搭乘 6 人，在太阳光的照耀下，时速 12 千米，可持续不断地航行。

前面已经讲过太阳能热发电，有了太阳能电池，我们是否还能进行太阳光发电呢?

单个的太阳能电池是发不了多少电的，小块的太阳能电池板也缺乏足够的威力，只有把许许多多的太阳能电池板组合成为大型的"光板"，才能建成专门用来生产电力的太阳能光电站。

这样的电站已经有了，发电功率还比较小，从几十到几百千瓦不等。

1982 年，日本第一座 200 千瓦的太阳能光电站投入运行。1 年后，美国阿柯公司在加利福尼亚州建成了一座太阳能光电站，拥有 108 块大型太阳能"光板"，占地 8 万平方米，用计算机自动跟踪太阳，装机容量 1000 千瓦，是当时世界上最大的太阳能光电站。

拥有丰富的太阳能资源的沙特阿拉伯，也在 1984 年建成了一座发电能力为 350 千瓦的太阳能光电站。160 块电池板排成 8 行，每块电池板上铺设有 250 个太阳能电池，生产的电力供 3 个村庄 3600 名居民使用。

美国的克罗纳公司雄心勃勃，他们计划投资 1.25 亿美元，在加利福尼亚州建设一座 5 万千瓦的太阳能光电站，1989 年年底开工，1992 年建成。

太阳能光电站的优越性是明显的：不需要烧用燃料，不会产生有毒有害废气，没有机械运动部件，没有噪音和爆炸危险，经久耐用的电池是半永久性的，电站的操作、管理、维修非常容易，而且不论规模大小发电效率都一样……

看吧，一块块太阳能电池板沐浴在强烈的阳光下，太阳能在这里静悄悄地变成了电能，然后被传输到千家万户，这多简单方便！

阳光哪儿都有，哪儿都能开发利用。瑞士进行了一项世界首创性的试验，他们在库尔地区莱茵塔尔地段的高速公路防噪音墙上设置了许多太阳能电池板，总长 830 米，高 1.30 米，每年可以获得 14.5 万千瓦时的电力，供 30 个家庭使用。下一步他们还要扩大使用范围，准备在全国 1/4 的有足够阳光照射的高速公路和铁路沿线设置这类太阳能设施，生产的电力可以满足 9 万个家庭的需要。

只要在 1 平方米面积上铺满太阳能电池，在太阳光的照射下，即使只有 10% 的太阳光能转换成电能，也可以获得几十到上百瓦的电力。按照我国目前的消费水平，把长 5 米、宽 3 米的屋顶面积所接受的太阳能转换成电能，就可以满足一户人家用电的需要。

类似的太阳能装置已经在开发之中。日本三洋公司生产的一种太阳能电池瓦，长 109 厘米，宽 25 厘米，铺在屋顶上，每一块能产生 14.7 瓦的电力。瑞士一家技术研究所发明了一种具有夹层结构的窗户，两层玻璃之间夹有氧化锡导电层、碘电解液、染料层和二氧化钛薄膜层，太阳光照到窗户上，窗户能将 7.1%～7.9% 照射进来的太阳能转换成电能，每平方米面积可产生 150 瓦的电力。

这样看来，每家每户，每幢建筑物，每一片荒山、野地，乃至一切有阳光照射而又被闲置的地方，不都有可能建成一座小小的太阳能光电

站了吗？可为什么我们现在还做不到这一点呢？

电站建到太空中

原因是太阳能电池还存在一些问题。

关键问题有两个：一个是太阳能电池的光电转换效率比较低，需要进一步提高；另一个是太阳能电池的成本比较高，一般家庭用不起。

同过去相比，太阳能电池工业有了迅速的发展。1988年电池的产量为3.52万千瓦，是1978年的20倍。而且太阳能电池的成本已降低了90%。1954年第一批太阳能电池只能把6%的光能转换成电能，如今，实验室里单晶硅太阳能电池的光电转换效率已提高到25%。

尽管如此，今天太阳能电池的价格和性能仍然不够理想，不足以使它立足于许多市场。拿发电来说，太阳能光电站的发电成本要比一般烧煤电站的发电成本高出两三倍甚至四五倍。

科学家们都在为提高太阳能电池的光电转换效率和降低它的制造成本而努力。

遗憾的是，效率和价格常常是矛盾的，不易兼得，使用材料的光电转换效率越高，它的价格往往也越高。单晶硅的价格昂贵，它在实验室中已能把25%的太阳能变成电能；多晶硅比单晶硅便宜得多，可是它在实验室中获得的光电转换效率还不到18%。

单晶硅和多晶硅都是晶体硅。近年来出现了一种非晶硅太阳能电池，它比晶体硅电池薄得多，可以像生产照相胶卷那样实现连续化生产，具有工艺过程简单、节约材料和能源等优点，价格只有单晶硅太阳能电池的几十分之一。但是，非晶硅太阳能电池的光电转换效率较低，实验室里的最好成绩也不过15%。

非晶硅太阳能电池受到人们的青睐，发展速度极快，最主要的原因是它可以实现大面积的生产，可以根据需要做成十分复杂的产品。比方说，大型办公楼的外表装有几千平方米的玻璃，这些玻璃上面如果覆盖一层非晶硅，把照射来的阳光转化成电，就能满足大楼对电能的需求。有了大量生产非晶硅的先进技术，建设面积达几平方千米的大型太阳能光电站也将不成问题。

乐观的人估计，若能把非晶硅太阳能电池的成本降低60％～80％，用它来发电的费用有可能降低到与火力发电相当；再过几十年，还可能降低到与水力发电差不多。他们认为，到21世纪中叶，全世界所需要的电力，将有相当一部分要由非晶硅太阳能电池来提供。

在提高太阳能电池光电转换效率方面，科学家们也做了大量的工作。一种办法是用反射镜或透镜把阳光集中到很高的强度。实践证明，电池接受到的太阳光的强度越强，光能转换成电能就越多。

1990年5月，日本三洋电机公司开发出一种可折叠的超轻型薄膜式非晶硅太阳能电池，厚度只有0.12毫米。半导体薄膜技术不仅大大节约了材料消耗，而且可以用来做成多结电池。多结电池用不同的半导体薄膜叠在一起构成，不同薄膜吸收不同波长的光，上层薄膜未能吸收利用的光，由下层薄膜吸收利用。这是另一种提高太阳能电池光电转换效率的办法。

1988年10月，美国桑迪亚国家实验室研制成一种聚光叠层式多结太阳能电池，它的上层是砷化镓电池，可以吸收利用波长较短的可见光；下层是硅电池，吸收利用剩下的波长较长的红外光。结果，桑迪亚国家实验室的科学家们把太阳能电池的光电转换效率一下子提高到31％。

接着，美国波音公司再接再厉，把上述太阳能电池的下层换成砷化锑，结果又创造了光电转换效率高达36％的最高纪录。

这是尽头吗？当然不。有人说尽头是40％，有人说极限为43％，甚至还有人认为，所谓太阳能电池光电转换效率的理论极限值是60％

的说法也不是没有根据的。

科学家们目前正在为研制光电转换效率达 40% 的太阳能电池而努力。这意味着什么？这个效率比目前常用的煤电、油电的平均效率还要高。这么高的效率如果再有成本的不断降低相配合，太阳光发电就可以在与煤电、油电以及核电的竞争中立于不败之地了。

前景确实美好，尽管它还不是现实。

但是，话又要说回来，不管太阳能发电成本如何降低，效率如何提高，正如我们前面所说，在地面上建造太阳能电站总是存在着严重的不足：一是占地面积太大，二是发电稳定性受天气、季节、昼夜交替的影响。不是没有想办法，而是办法再好也不能从根本上解决问题。

还有出路吗？

早在 1929 年，苏联科学家格鲁什科就提出了在太空中建造太阳能电站的设想。1968 年，美国工程师格拉泽在前人工作的基础上，又提出了第一个具有实践意义的卫星电站的方案。

卫星电站其实就是一颗巨型的太阳能动力卫星，把它发射到离地面 35860 千米的轨道上，与地球的自转同步，也是 24 小时转一圈，从而始终相对静止地面向地球"悬挂"在某个地点的上空。

这样的卫星电站当然应该很大，它装有两块面积巨大的"铁翅膀"——太阳能电池板，电池板上密密麻麻地布满了太阳能电池。

卫星电站生产出来的电又怎么办呀？用电缆输送到地球上来吗？这是开玩笑！遥远距离的空间输电得靠一位新的能量"传递员"——微波。

微波是一种波长极短的无线电波，能够穿云透雾，几乎无损耗地直达地球。太阳能电池把太阳光转换成电，又通过微波发生器转换成微波，再用大面积微波发射天线发射回地面；地面由面积更大的微波接收天线接收，并把微波转换成直流电供我们利用。

建造一座巨型的卫星电站是不容易的。你别以为先是在地面上把整

个卫星电站建好，然后一下子发射到太空中去。那样做是太困难也太不经济了。科学家们建议分两步走：第一步是把一个个预先制造好的电站的部件送到低空轨道，派宇航员到那里去进行组装；第二步是把组装好的电站，用火箭推送到同步轨道上。

卫星电站高悬太空，它既不占用地球上的一寸土地，而且由于摆脱了大气层的阻拦，无风无雨，不分昼夜，"三班作业"，可以一年到头沐浴在强烈的阳光中。这样，卫星电站就一举解决了地面太阳能电站所无法解决的两大难题。此外，因为宇宙空间没有空气，没有污染，甚至也没有重量，所以电站工作极为可靠，寿命很长，建成后使用多少年也不用派人去维修管理，成为一个可靠而持久供应强大电能的太空电源。

好几个工业发达国家都在研究建造这种巨型卫星电站的可能性。美国众议院在1979年11月批准了一项太阳能卫星电站的研究和发展规划。美国的科学技术专家还设计过功率为500万和1000万千瓦的两种卫星电站。

拟议中的500万千瓦的卫星电站是一项投资上千亿美元的大工程：重51000吨，整体面积55.12平方千米；光电转换部件是硅太阳能电池，结构材料是强度大、质量轻的石墨复合材料；微波发射天线的直径为1千米，地面接收天线的直径大约8千米。电站发电功率500万千瓦，可以满足美国最大城市——纽约全市用电的需要。

是设想而不是现实，这里不仅有经济问题，而且有技术问题。最大的问题是怎样把电站送上太空，运载系统肯定不能再用昂贵而又会产生有毒有害物质的化学燃料做动力。为此必须研制出效率和效益更高、可以多次使用、对环境没有污染的新的太空运载工具。

一是世界能源消耗在不断增加，二是化石燃料资源出现短缺，三是全球环境问题日趋严重，这三个因素推动着卫星电站的研究和建设。科学家们相信，在不久的将来，人类就有可能将第一个试验卫星电站送上太空，开辟人类开发利用太阳能的新纪元。

还有人想到了地球的天然卫星——月球。建造卫星电站，主要要用铝和硅，这两种东西在月球上大量存在。由于月球上的引力只有地球上的 1/6，这就使得在月球上发射卫星要比在地球上容易和经济得多。美国已经正式宣布将在月球上建造永久性的住人基地，所以不少科学家和工程师认为，人类以月球为基地建造和发射太阳能卫星电站是完全可能的。

"神州九亿争飞跃，卫星电逝吴刚愕。"一般的卫星就叫吴刚愕然了，当茫茫的太空出现一颗颗巨大的张开两扇"铁翅膀"的卫星新成员——卫星电站的时候，不知这位"月宫伐桂"的"天界人物"又该怎样的惊诧不止哩！

方兴未艾的事业

太阳能是人类最基本的能源。

壮丽的太阳已经存在几十亿甚至上百亿年，估计今后还将继续"生存"这么久。太阳能的使用期限，几乎跟太阳存在的时间一样长。这就告诉我们，太阳能可以被看成是一种取之不尽、用之不竭的能源。

资源丰富是太阳能的又一个特点。有人估计，假定太阳能发电系统的转换效率是 10%，那么太阳能电池的铺设面积只要达到 65 万平方千米，就能够满足全世界对能源的需求。这个 65 万平方千米的面积相当于什么呢？它仅仅是地球沙漠总面积的 4%。

太阳能不仅数量巨大，万世不竭，而且免费供应，比任何能源都干净，难怪在当前能源资源日趋短缺、全球环境严重恶化的情况下，太阳能的开发利用受到了世界上许多国家的重视。一些能源政策分析家相信，太阳能至少可以提供全世界 1/3 的用电量。

开发利用太阳能的现状也很令人鼓舞。手表、立体声音响装置、打

字机、通话器等都已利用太阳能；太阳能电视机、通风机、路灯、泵等也将投入实际应用。白天储存太阳能、晚上利用太阳能的庭园走道照明灯，1988年的销售量超过100万件；带有太阳能电池的计算器，在20世纪90年代初的营业额已达每年10亿美元。各种各样的太阳能器具更是琳琅满目，不断推出新产品。

用户对太阳能装置的需求量正以每年15%～20%的速率增长，偏僻地区需求量的增长幅度更大，达40%～50%。20世纪七八十年代绝大多数人还没有听说过太阳能电池这个词儿，可到90年代初就拥有迅速发展的真正市场，1992年太阳能电池的产能达到57.9万千瓦，是15年前的26倍。太阳能工业正在越过它不成熟的阶段向前发展，前途光明，崛起近在眼前。

1978年5月3日，美国举行了一次以开发利用太阳能为主旨的"太阳日活动"，有2000万人参加。过了一年，当时的美国总统卡特宣布，到2000年，美国要把太阳能在能源构成中的比重提高到20%。由于石油价格的下降和政府支持政策的改变，卡特盲目乐观的开发利用太阳能的计划没有成为现实。

但是现在情况正在起变化。美国的太阳能研究不断取得进展，成本的降低和技术上的突破使更多的用户开始用得起太阳能，再加上太阳能在保护环境方面的巨大好处，使主张利用太阳能的人大受鼓舞。在一次全国性调查中，过半数的美国人认为今后10年使用最多的能源是太阳能和核能。1989年，太阳能发电量在美国的总发电量中只占千分之一左右，如果这个比重提高到1%，按美国当年的发电能力6亿千瓦左右计算，1%就是600万千瓦，大约可以满足300多万人用电的需要。

缺乏能源资源的日本，一向十分重视太阳能的开发利用。它制定了著名的"阳光计划"，投入不少的人力物力研究开发太阳能技术，在太阳能材料、太阳能发电等方面都取得了很多突破性成就，现在已经是世界上生产和销售太阳能装置最多的国家。专家们认为，对于国土资源短

缺的日本来说,最经济实惠的办法是在住宅屋顶上铺设太阳能电池,建造这类样板房的"阳光计划"正在实施之中。

澳大利亚是世界上利用太阳能发展偏远地区通信事业的先驱。它现在已将20万千瓦的太阳能电力用到电话通信中,今后将有更多的太阳能电力被用来发展光纤通信和数字通信。太阳能电力已经成为澳大利亚电信业的可靠组成部分之一。

法国对太阳能的开发利用也很积极,它总是不断地增加在这方面的投资。德国也集中力量发展太阳能发电。

按照各自的计划,瑞典打算最终关闭所有的核电站,由"持久的、可以再生的、对环境影响很小的"太阳能等再生能源来代替;丹麦寒冷的北方地区,将要百分之百地利用太阳能来采暖;澳大利亚打算在今后十几年里,建设一座热、电全部由太阳能提供的"太阳城"……

不少发展中国家也很重视太阳能的开发利用。印度正在大力开发太阳能,并且建成了自己的太阳能热电站;巴基斯坦希望在今后几年内,使两万个村庄实现太阳能化;利比亚有30%的居民用太阳灶做饭;非洲和拉丁美洲有许多国家用上了太阳能排灌机械;沙特阿拉伯正在建设世界上最大的太阳能工程……

在太阳能的开发利用上,我国起步比较晚,但进展比较快。北京、上海首先成立了太阳能研究所,在太阳能开发研究上有不少发明创造。到1984年,我国已有从事太阳能开发研究的单位160多个,专业科技人员3000多人,生产太阳能设备的工厂百余家。许多太阳能的开发利用项目已经由研究试验逐步走向推广应用,并且取得了良好的节能和经济效果。

太阳能热利用是当前太阳能利用的主要方面,我国许多地方已用上太阳能热水器、太阳灶、太阳房、太阳能干燥器、太阳能制冷机、太阳能蒸馏器、太阳炉等,是目前使用太阳灶和太阳能热水器最多的国家。

我国从20世纪50年代开始研究太阳能电池,首先研制成功的是硅电池，并于 1971 年 3 月第一次用到我国发射的第二颗人造卫星上，在太空中运行了 8 年 3 个月。以后太阳能电池逐步推广应用到航标灯、铁路信号灯、割胶灯、黑光灯、电围栏、气象通信、电视差转台、旅游船、钟表、台灯、蒙古包照明等许多方面。我国自行设计安装的功率为 10 千瓦的太阳能实验电站，已分别在甘肃榆中县、西藏草吉县和北京大兴县建成。

你想知道我国有多少太阳能资源吗？

我国地处北半球，幅员辽阔，拥有丰富的太阳能资源。全年太阳照射时数超过 2000 小时的地区大约占全国总面积的 2/3，特别是华北、西北和青藏高原，干旱少雨，全年日照时数超过 2500 小时，开发利用太阳能的潜力更大。

有关专家估计，1 年里投射到我国陆地上的太阳能大约是 1 亿亿千瓦时，相当于 1.2 万亿吨标准煤。同如此丰富的太阳能资源相比，我国目前已经开发利用的那一点点太阳能，实在是太少太少了。

当然，不光中国，全世界的情况也是如此。无限丰富的太阳能资源同它作为生产能源对人类所作的贡献相比，前者是那样的大，后者是那样的小，实在不成比例。有的人这样说，太阳能的利用，现在还处于 19 世纪末石油所处的状况。在 20 世纪，石油用了 65 年的时间，终于取代煤炭成为能源舞台上的"第一号角色"。可是，在今后的 60 年或 70 年内，太阳能的开发利用，无论在技术上还是在经济上，是否也能取得像石油在 20 世纪所取得的那样显赫的成就吗？

但愿如此。

一些科学家和工程师们已经看到了这个远景，他们甚至提出了一些相当现实的设想。比如，有一些专家建议，可以在占全球沙漠总面积 4％ 的土地上，配置大面积的太阳能电池板，然后把所获得的电能通过超导电缆传输到阳光少的地区，这样就能满足全世界很大一部分电能的需要。

看到这里，你也许会忍不住想，现在应该好好学习，打好基础，努力掌握现代科学技术，将来更好地为发展我国的太阳能事业，为解决困扰人类社会的能源问题作出贡献。

四、蓝天采"白煤"

古老的风车

风是一种最常见的自然现象。

空气流动便成风，它生生息息，几乎无时无刻不在吹刮。汹涌的海浪，怒吼的林涛，漫天的飞雪，飘扬的旌旗，都是风作用的结果。

风力有大有小。我国早在唐朝就有了一个风力等级表，根据风吹树动的情况，把风力按大小分成8级：一级风动叶，二级风摇枝……七级风飞沙走石，八级风把大树连根拔起。

直到1805年，英国人蒲福在总结前人工作成果的基础上，提出了一个更为完善的蒲福风级表。以后几经改进，这个风级表至今仍在使用，风级从零开始，共有18个等级，最高的十七级风的风速可达每小时202～225千米，能与现代最快的高速列车并驾齐驱，几乎是十二级风风速的两倍。

耕云播雨，调节气温，这是风给人类带来的好处；拔树倒屋，翻船覆舟，这是风给我们制造的灾害。

风力之大，有时是非常惊人的。

1703年，暴风在英国和法国登陆，毁掉成千幢房屋，毁坏400艘

73

船只，连根拔起 25 万棵树，并把它们吹得老远老远。有人估计，这次强暴风具有 1000 万马力以上的功率！

既然风有这么大的威力，为什么我们不好好加以利用呢？

这可不是事实。事实是早在远古时代，人类的祖先就开始利用风力了。

我国古书《物原》上有"夏禹作舵加以篷碇帆樯"的记载。如果夏禹时代确实已经发明帆船，那么距今就有 4000 多年了。鼓帆行船，可能便是人类有意识地利用风力的开始。

除了风帆，还有风车。

据说，世界上第一台风车是公元前 6 世纪由一位奴隶发明的，这位奴隶的名字叫阿布·罗拉。他曾经对人发誓说，他一定要利用风力来代替畜力，帮助人们干活。

阿布·罗拉的誓言引起了主人的兴趣，奴隶主决定让阿布·罗拉试一试。结果，卑贱的奴隶发明了世界上第一台风车。

阿布·罗拉的风车是一座用砖石砌成的高塔形建筑物，有两个大通风口，里面竖着一根"顶天立地"的大转轴，轴上装有用芦苇编织成的风叶。风从前面的通风口吹进来，推动风叶旋转，再从后面的通风口排出去。这种风车适于用在常年风向比较稳定的地方。

也有的人说，世界上第一台利用风能的装置，是公元前 6 世纪左右出现在波斯的风力提水装置。古代巴比伦人很早就用风车排除低洼地里的积水。埃及至今还保存着 2000 年前建造的风力磨坊的遗迹。

大约到了公元前 2 世纪，波斯已经广泛地用上了风磨。公元 950 年，有两位伊斯兰教的地理学家旅行到这里，对这种利用风力的创举赞叹不已，并把所见所闻详细地记录了下来。

直到 12 世纪，1185 年，欧洲才出现了第一台风车，这台风车是由一位英国人在英国北部的约克郡建造起来的。以后风车逐渐增多，大都用来磨谷、提水。

古老的风车

19世纪，由于机械制造业和冶金业的发展，带有自动调节装置的金属制的风力发动机诞生了，它取代简单的木质结构的风车，在世界各地得到了广泛的应用。尤其在农村，直到20世纪初，风力还是各国农业最常用的能源之一。

在我国，大约1700年前人们开始利用风车来带动机械，从事农副产品的加工和提水。到明朝，我们已经有了比较成熟的风力水车和风磨。

以后经过不断改进，风车逐渐达到了比较高的水平，不管风从哪个方向吹来，它都能自行调节到迎着风的位置，有效地利用风力工作。我国东部沿海地区，居民广泛使用风车来提取海水晒盐，江南水乡农村普遍使用风车带动水车提水灌田。

当时的风车，模样有点像朵大莲花，有一首流传在江苏农村的民谣这样说道：

> 大风车，像莲花，
>
> 一朵一朵沿海架。
>
> 风婆婆，力气大，
>
> 吹得莲花哗啦啦。
>
> 车轴转，翻银花，
>
> 滚滚水流灌庄稼。
>
> 秧姑娘，喝饱啦，
>
> 秋后满头戴金花。

直到新中国成立前后，这种风力水车在我国农村还很常见。比如仅江苏盐城地区，就有农用风车近10万台，可用来灌溉农田300万亩（1亩约等于667平方米）。

开发"一片空白"

风是流动的空气。任何流动着的物质都具有动能，风也有动能，我们就叫它风能。

人们给风能起了一个外号——"白煤"，因为它像煤一样是一种能源，只是煤是黑的，风却是"白"的——"一片空白"，什么也看不见。怎样开发利用"白煤"呢？

可以利用风车带动各种机械传动系统成为风力发动机，用来铡草、磨面以及加工饲料等等；也可以用风车带动水泵系统成为风力抽水机——风力泵。

不管是风力发动机还是风力抽水泵，它们大多是小型的，功率从几十瓦到几千瓦，优点是投资少、工效高、经济实用。尤其是在发展中国家的广大农村，家庭用水、农田灌溉、牲畜饮水等使用着大量的柴油抽水机。在用水量不大的情况下，如果用风力抽水机来取代柴油抽水机，费用大约可以节省一半。一般来说，只要平均风速超过每小时13千米，风力抽水机就可以很好地发挥作用。地球上大约有一半的地区符合这个要求。

现在，全世界正在使用的风力抽水机超过100万台，主要分布在阿根廷、澳大利亚和美国。拿澳大利亚来说，风力抽水机几乎遍布各个牧场，用它灌溉的草原面积达94万公顷。

"白煤"不仅可以用来碾米磨面、加工饲料、提水灌溉，还可以用来发电。你知道吗？风力发电还是现代风能利用的主要方向哩！

风力发电就是通过风力发电机把风能转换成电能，供人们利用。

在某些交通运输不便和电网不容易到达的边远地区和岛屿，可以开发当地丰富的风力资源，使用小型风力涡轮直流发电机发电，发出的电既可用于充电、照明以及无线电通信等，也可用作海上灯塔、防火瞭望台、卫星地面站、导航设备、海水淡化装置等的电源。

风力涡轮交流发电机的诞生，为风力发电的进一步发展创造了条件，因为只有交流电才能直接输送到电网里。大型风力涡轮交流发电系统与电网相连，可以更有效、更大规模地利用风力，给人们的生活和生产提供所需要的电力。

风力发电开始于19世纪末，1891年，丹麦成了世界上最早利用风力发电的国家。到20世纪20年代中期，法国、德国、荷兰、瑞典、苏联、美国、英国、加拿大等国家相继加入了风力发电国家的行列，并研制出了自己的小型风力发电装置。

风力发电少不了风力发电机。风力发电机已与它的祖先——风车大不相同，它由风机提供动力，直接带动发电机发电。风机有很多别名，诸如风轮机、风能装置、风能转换装置，等等。

常用的风机是像飞机螺旋桨那样的水平轴风机，由风轮、机头、机

尾、轮体、塔架 5 部分组成。其中风轮是把风能转换成机械能的主要部件，它通常有几枚风翼，安装在机头上，模样跟风扇差不多。

不用说，风轮的直径越大，接受的风能越多，风机的功率也越高。而风能的大小又同风速有关系，风能与风速的 3 次方成正比，也就是说，风速只要增加 1 倍，风能就将增加 7 倍。

不过，很遗憾，同太阳能相似，风能的能量密度太小，与能量高度密集的煤、石油、天然气等矿物燃料相比，它是一种高度分散或稀疏的能源。正是因为空气的密度只有水的密度的八百分之一，所以为了获得同样大小的功率，风轮的直径要比水轮的直径大几百倍。

于是问题就来了。比方说，即使是风速每秒 8 米的大风，要让它去驱动一台 100 千瓦的发电机，风轮的直径也不能小于 35 米。如果要建设一座装机容量为 100 万千瓦的风力发电站，那就需要架起几百上千台的大型风力发电机，而且风力发电机之间还要隔开一定的距离，以免相互干扰。这样，任何一座具有一定功率的风力发电站，就都要占用一大片土地，而且这片土地必须在相当程度上与外界隔离。

风能来自太阳能，但风能甚至比太阳能更不规则和更难预测。

比方说，风向变化不定就是风能的一个弱点。不过这个问题比较好办，可以在机头后面装个机尾，它的作用就像船上的舵一样，能够保持风轮始终面对风向。

风力大小常变，这是风能的又一个不足。为了保证供电质量，维持风机稳定工作，需要进行合理调速。调速的方法不少，最常用的办法是根据风力的大小，适当改变风轮的迎风面积和调整风翼的转动阻力。比如风速大了，可以设法减小风轮的迎风面积和增大风翼的转动阻力，以保持风轮一定的运转速度。

风能不仅时大时小，而且时有时无，这给风能利用带来了更大的困难。解决的办法只有储能，包括蓄电池储能、抽水储能、压缩空气储能、制氢储能，等等。有了储能装置，就可以在有风和风力大的时候把

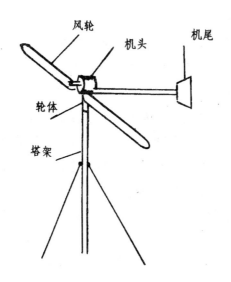

风力发电机构示意图

多余的电能储存起来，到无风或风力不足的时候拿出来使用。

　　风力发电机运转的时候会产生噪音，这噪音来自转动的叶片。一架250千瓦的中型风能发电机能产生65～75分贝的噪音，它相当于一辆时速60千米的汽车在离你7米远处驶过时听到的声音，一般只要有300～500米的隔离区，这噪音就可以基本隔绝。

　　有人认为风力发电对环境有影响，一架架高高矗立的风力发电机很不雅观。这就要求设计者精心安排，采用中小型和大型风力发电机合理搭配的办法。你看，引人注目的荷兰古代风车，同众多的现代化风力发电机遥相映衬，还是这个国家一项重要的观光景色哩！

　　还有人认为风力发电机会干扰无线电波的传播，影响电视接收质量。一种解决办法是建立转播站，另外一种解决办法是采用非金属复合材料来制造叶片，这两种办法都能避免对无线电传播的干扰，但会增加风力发电的投资。

　　尽管存在着这些不足，可风能仍然是值得我们好好开发利用的能

源，因为它有很多优点。

风能是"免费供应"的，它本身不用花钱，而且同太阳能一样，取之不尽，用之不竭，不存在价格波动的问题。

开发利用风能的设备简单，投资少，成本低，便于普及和管理。风力发电站的基本设备就是风力发电机，这比火电站、水电站、核电站的设备都要简单得多，而且花钱少，建设工期短，通常两三年后就可以收回全部投资。风力发电的成本低，一般要比火电、核电便宜1/3。

同太阳能发电一样，风力发电非常安全，而且不像火电站、核电站那样会产生有害有毒的物质污染环境。风能是一种没有污染的清洁能源。风力发电的广泛应用不仅可以省下大量的煤炭、石油、天然气等化石燃料，更重要的是可以减轻环境污染，为解决当前人们忧心忡忡的全球环境问题作出贡献。

风能到处都有，只是多少不同而已。在风能资源丰富的地区，可以进行较大规模的开发；在风能资源一般的地方，不妨搞些小型分散的利用。特别是在那些电网暂时无法延伸进去的地区，缺乏燃料和水力资源的地区，人口稀少、交通不便的地区，开发风能，就地发电，就地利用，对于发展那里的地区经济，提高当地人民的生活水平就更有现实意义。

带"翅膀"的"钢铁巨人"

现在我们就来认识一下风力发电的基本设备——风力发电机。

前面我们提到过像飞机螺旋桨那样的水平轴风机，既是资格最老的风机，也是至今最常用的风机。

不过，随着科学技术的进步，经过革新改造或者创造发明的新风机层出不穷。有人统计，现在世界上获得专利的风能转换装置，在数量上

超过其他任何一种机械。真的，如果你到"现代风车"世界里去漫游一趟，那你一定会惊奇地发现，这是一个光怪陆离、令人目不暇接的世界。

形形色色的风机真是太多了。

比如，根据不同的运动方式，风机可以分成振动式、平动式、固定式和旋转式4类。

振动式风机是利用风力所引起的振动，把风能转换成机械振动动能的装置。这类风机非常少见。

平动式风机可以举马达拉斯风机作例子。这种风机让风力推动一些特制的"车辆"在轨道上水平移动，由运动的车轮驱动发电机发电，发出的电经第三条轨道输送出去。

美国人发明的旋风型风机是一种典型的固定式风机。它有一个很高的固定的旋风发生塔，来风通过百叶窗进入塔体，形成一股上升的旋风，我们不妨称它为"人工龙卷风"，"龙卷风"的核心部分几乎是真空的，结果就能吸引大量的空气从塔座的进风口冲进来，并随着推动涡轮发电机运转而发出电来。

目前最常见常用的风机是旋转式风机。它依靠风力转动风翼，使转轴与发电机相连，就能带动电机发电。

旋转式风机又可以分成很多不同的类型，而每一类型的风机还可以细分成好几种。

举例来说，根据风机转轴的轴向与风向的关系，旋转式风机可以分成水平轴风机和竖轴风机两类，水平轴风机的轴向与风向平行，竖轴风机的轴向与风向垂直。水平轴旋转式风机又可以细分，主要是看叶片的多少，有单叶片的、双叶片的、三叶片的和多叶片的。

虽然水平轴风机至今仍然是使用最多的风机，但是竖轴风机近些年来受到更多的重视。

竖轴风机的转轴与风向垂直，转轴周围的叶片也与风向垂直。叶片

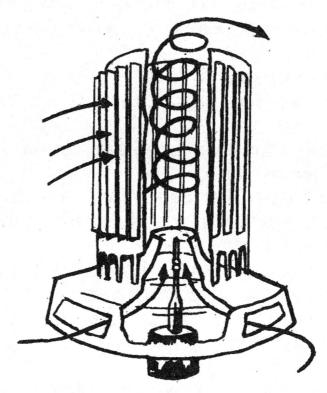

轴向、径向、切向风机示意图

可以是直线形的，也可以是弓形的，有双叶片的、三叶片的、多叶片的，风叶快速旋转起来就像个巨大的圆筒或圆球。这样一来，它就可以接受来自各个方向的风，任何方向吹来的风它都能充分利用，既改善了风轮的受力条件，又省去了跟踪风向的装置和高耸的塔架，简化了设备，减轻了重量，方便了管理，降低了造价，笨重的发电设备也能安装到地面。

为了提高风力发电设备的功率和效能，现在风机正朝着大型化、自动化的方向发展。

早在20世纪20年代，丹麦就已经有了几百个小型风力发电装置，容量从5千瓦到25千瓦。1941年，美国在巴蒙特州建成了一台当时世

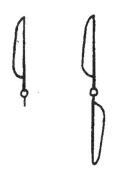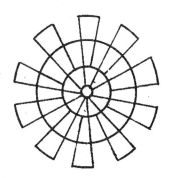

叶片结构

界上最大的风力发电机，风轮直径 53 米，每个叶片有 8 吨重，塔架有 34 米高，在风速为每秒 13 米的条件下，发电能力可达 1250 千瓦。

1983 年 10 月，德国一台巨型风力发电机投入运行，属水平轴风机，风轮有两个叶片，塔架有 25 层楼房那么高，容量 3000 千瓦，每年可向电网送电 1200 万千瓦时。

瑞典和英国也都建成了容量为 3000 千瓦的风力发电机。英国的这台风力发电机重 50 吨，两个叶片约有 60 米长，塔高 37 米，安装在风力条件很好的奥克尼岛上，风机上装有遥测仪，供科研人员进一步研究大型风力发电机如何在多风和大风的环境中安全运行。

美国的怀俄明州建成了当时功率最大的风力发电机，风轮直径 78 米，发电机容量 4000 千瓦。

当然，大有大的难处，不仅技术复杂，制造困难，还有运行可靠性和稳定性的问题。前面提到的 1941 年美国在巴蒙特州建造的功率为 1250 千瓦的大型风力发电机，由于 8 吨重的叶片在旋转中折成两段，只运行了 1 年多就停止使用了。

国际上最近出现了两种先进的大型风力发电机，一个在美国，一个在加拿大。

由美国航空航天局所属刘易斯研究中心研制的一种新型水平轴风

机，有两个叶片，旋转直径 97.5 米，144 吨重，安装在夏威夷群岛的第二大岛——瓦胡岛上。不管刮狂风还是吹微风，也不管风向如何变化，风机都能正常平衡地运转，稳定可靠地生产电力。这是因为风机上安装有计算机，风轮叶片受到风力的作用，会不断地把有关数据传输给计算机，然后由计算机来自动调整和控制风轮的转向和叶片的角度等，以保持风机在任何情况下都能正常地工作。这台容量为 3200 千瓦的新型风力发电机，自 1988 年建成以来，一直在为瓦胡岛上的 1200 户家庭提供稳定的电力。

加拿大研制的新型风力发电机是竖轴式的，风轮也有两个叶片，叶片的顶端和末端相互连结，垂直风向排列。风吹叶片快速旋转时，远远看去就像是一个很大的大球。风机高 96 米，叶片旋转的球形直径是 64 米，正常情况下可发电 4000 千瓦。

这两种大型风力发电机具有一些共同的优点：发电效率高，稳定可

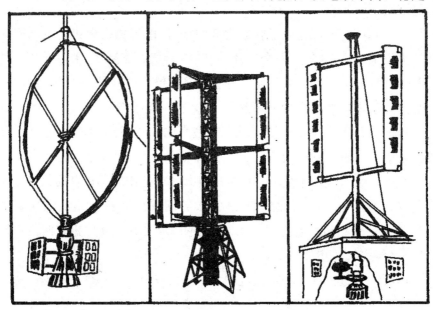

竖轴式风机

靠，可与公共电网相连。

不过从数量上来讲，目前发展最多的还是中小型风力发电机，直径 10～15 米，功率 5～100 千瓦。直径小于 10 米的更小的风力发电机，功率不到 1 千瓦，可为边远地区的独立住户、居民点或小村庄提供生活用电。

日本研制了一种新型的风力发电装置，高只有 15 米，两枚叶片各长 7.5 米，发电功率 20 千瓦。风机上有缓冲机构，即使遇到强风，叶片和转轴也不会被损坏。风机上还设有机械调速器，能够自动调整叶片的受风角度而保持风机最佳的转速。转轴具有 360 度的自由度，可以根据自然风的方向自动调节受风面。高大的塔架是起伏式的，台风来时可以卧倒以免遭到破坏。

依靠现代科学技术的支持，风力发电机变得越来越强大有力，越来越先进可靠了。

世界性行动

风给我们以力量。不管怎样狂暴猛烈的风，只要我们能够驾驭它，它就会像阿拉丁神灯里的巨人那样乖乖地听我们的话，为我们效劳。

我们已经知道，风能是由太阳能转化而来的。没有太阳就没有地面的温度差和气压差，空气流动不起来，结果也就不会有风。

亿万年来，太阳慷慨地把巨大的能量洒向大地，其中大约有 2%变成了风能，这么多的风能相当于每年燃烧上万亿吨煤所发出的热量，差不多等于现在全世界一年消耗能源的 100 倍。这就是说，如果我们能把风能的 1%利用起来，那就几乎可以满足眼下全世界的能源需求。

根据各种估计，全世界的风能资源大约是每年 200 万亿千瓦时。一般来说，风速随着高度而增加，在多风地区的 10 米高处，年平均风速超过每秒 6 米时，垂直风向的每平方米面积上可以接受到 250 瓦的风能。有关专家说，每年光是靠近地面 200 米以内的风能，就大大超过了目前每年从地下开采出来的矿物燃料的能量。

当然，风能不可能被百分之百地利用。小型风机只能利用天然风能的 1/5，大型风机的风能利用效率稍稍高一些。一个 10 米直径的风机，每年可以利用风能发电 3 万千瓦时，而在同样风速的条件下，一个直径 50 米的风机，每年能够生产 160 万千瓦时的电能。

动力导流式风机

"白煤"到处都有，几乎随时随地都可以开发利用。不过从经济角度来看，真正可供开发利用的风能，主要集中在沿海地区和峡谷地带，包括英国北部海岸，澳大利亚南部和西部沿海，俄罗斯漫长的北极海岸，以及美国的沿海地区和山区等。

世界上好多国家都在大力开发风能。开发风能不仅在发展中国家的广大农村受到重视，而且也得到了不少工业发达国家的青睐。

据不完全统计，在 1992 年以前的 15 年内，世界各国已建风机 10 万余台，总容量超过 250 万千瓦，其中大约 150 万千瓦用来发电，其余用来抽水、磨谷等。现在全世界每年大约要增加风机动力 20 万千瓦，估计今后还会继续增加。到 2030 年，风力发电有可能增加到提供世界 10% 以上的电力。

　　20世纪70年代爆发石油能源危机是一个转折点，美国从此开始积极开发利用风能，一方面大力研制先进的大型风力发电机，另一方面也开发出了大量造价低、重量轻、使用寿命长达20年以上的2～10千瓦的小型风力发电机。20世纪90年代美国就已有风机总容量130万千瓦，是世界上开发利用风能资源最多的国家。

　　平均风速每小时23～32千米的地区，如果其他条件合适，可以安装一组风力发电机，组成一个"风力收集场"——"风力场"，就像用许许多多太阳能电池板建成一个"太阳能收集场"一样。1981年，世界上第一个"风力场"在美国新罕布什尔州建成投产。过了1年，美国的利文斯市又建成了世界上第一个"城市风力场"。

　　风力发电在美国的加利福尼亚州发展得最快最好。1980年这个州的风力发电几乎还是零，而到1989年即已建成14000台风力发电机，发电20多亿千瓦时，相当于340多万桶石油的能量，可以满足100万居民家庭用电的需要。现在这个州的耗电量中只有1%是靠风能提供，但是还有很大发展余地，因为加利福尼亚州最好的风力场地现在只开发了1/5，如果把这些有条件开发利用的风能统统开发利用起来，那就可以提供全州所需的电力15%。

　　有人估计，将来美国开发利用的风能，有可能占美国总能源需求量的13%。

　　丹麦是个北欧小国，可它不仅是世界上最早利用风力发电的国家，而且现在仍然是仅次于美国和墨西哥的第三号风力发电大国。这个国家从1976年开始执行国家风能计划，1993年全国已建成数千个风力发电装置，装机容量几十万千瓦，可以满足全国电力需要的3%。

　　1978年，丹麦曾经制造了当时世界上最大的风力发电机，容量2000千瓦。现在它的重点开发对象是中型机，同时也很重视开发小型机——直径不大于18米，功率在100千瓦以内，除满足本国需要外，还可以出口一部分。丹麦的风力装置大都是三叶片水平轴风机，

特点是简便耐用，运转平稳，基本上不产生噪音。

自 1975 年以来，瑞典已投入很多的人力物力来开发利用风能，建成了几千台千瓦级的风机；民间和地方的风能开发利用活动也很活跃。20 世纪 90 年代，瑞典全民投票决定，到 2010 年以前，必须关闭 12 座目前正在运行的核电站。为此，它已决定把开发利用风能列为一项重要的能源政策。

在陆地上很难找到合适的建造风力发电站的地点，瑞典专家提出了一项在近海建造大型风力发电站的设想，拟议中的这座海上电站将拥有 98 台 3000 千瓦的风力发电机，建成后的年发电量为 8.5 亿千瓦时。1990 年 9 月，一座功率为 200 千瓦的海上风力试验电站，已在离海岸 250 米的地方建成，发出的电通过水下电缆输送到陆地上。

英国是风能发电的后起之秀。它从 20 世纪 70 年代开始对风能进行有计划的开发利用，先是通过对风力发电机的设计、制造、实验等解决风能开发中的技术问题，然后对风力发电的技术、经济以及发展前景进行严格的科学论证，最后，从 90 年代开始将这一新技术进行大规模的示范应用。他们已经设计、制造出了一系列不同型号的风力发电机，发电能力从 130 千瓦到 750 千瓦不等。当时英国计划建设 3 个"风力场"，每个"风力场"由 25 台中型风力发电机组成，发电能力为 8000 千瓦。他们还将建造一台 750 千瓦的海上风力发电机，位于诺福克海滨以外 5 千米处。

1989 年风力发电能力才 6000 千瓦的英国，1992 年即已达到 3 万千瓦，2000 年增至 70 万千瓦。如果按这样的速度发展下去，那么到 2030 年，光是陆地风力发电机即可提供英国现在电力消费的 20%。

我们再来看看苏联。苏联的波罗的海地区、里海沿岸低地、黑海沿岸、哈萨克斯坦、贝加尔湖、堪察加、萨哈林、北冰洋沿岸等，都有丰富的风能资源，风速也比较适宜于发电。当时，苏联每年可以

利用的风能资源为 100 万亿千瓦时。

苏联一向重视研制小型风机，平均每台功率 10 千瓦左右。曾经努力研制大型风机，特别是 1 万千瓦的竖轴式风力发电机。苏联专家认为，大型风力发电系统要想同普通电站竞争，就要把风电转换效率从 25% 提高到 70%，电站造价和发电成本大幅度降低，同时要解决风电储存的问题。他们曾经计划要进一步扩大风能的开发利用：到 1995 年，风力发电机的总装机容量将达到 20 万千瓦；到 2000 年，风能利用的结果可以节约 55 万吨发电用燃料。

苏联工程师们别出心裁地提出了一项利用大气对流层顶风力发电的设计。大气对流层顶在离地面 10～12 千米的高处，那里经常有强风，风速高达每秒 25～30 米，风能比靠近地面大 2000 倍。工程师们建议，用气球把重 30 吨、功率 2000 千瓦的风力发电机吊升到离地面 10～12 千米的高空，气球与风机用超强绳索相连，大型变压器和操纵控制设备设在地面。对流层风力发电如果试验成功，它将为风能利用开辟出一条新路。

我国地下蕴藏着巨量的"黑煤"，地上的"白煤"资源也很丰富。"黑煤"越采越少，而且污染环境，"白煤"却非常干净，可以再生，永不枯竭。

经过调查研究，科学家们告诉我们，我国全年平均风速超过 3 米每秒的地区大约要占全国总面积的 1/5。东北平原、内蒙古草原、新疆大部分地区以及青藏高原都有丰富的风力资源。我国又是一个海洋国家，东部和东南部沿海地区的风力资源也很丰富。这些地区可以使风机每年运转 4000 小时以上，是开发利用风能大有希望的地区。我国还是一个多山的国家，千千万万个山峰和山谷具有良好的风力发电的条件。

据有关资料，我国近地层可供开发的风力资源就有 4.74 千亿千瓦。

1954 年，我国最早制造出了一台容量 16 千瓦的风力发动机，风轮直径 16 米，塔架高 10 米。3 年后，江苏泰州地区研制出我国第一台风力发电机。接着在吉林、新疆等省区兴建了一些小型风力发电站，功率在 10 千瓦以内，风轮直径 10 米左右。1973 年，浙江嵊泗岛上一台当时最大的风力发电机建成投产，容量 18 千瓦。20 世纪 90 年代，当时全国运行中的风力发电机的最大容量是 200 千瓦，安装在福建省的平潭岛上。另外还在试制 600 千瓦的风力发电机

20 世纪 90 年代，我国已经建设 6 个风力发电试验场，容量 4380 千瓦，推广近 10 万台户用微型风力发电机，容量 8000 多千瓦。内蒙古已经拥有几万台小型乃至微型风力发电机，总装机容量 7150 千瓦，使超过 20％农牧民用上了电。到 1988 年 9 月，新疆共安装各种风力发电机 1300 多台，还在乌鲁木齐东郊兴建亚洲最大的风力发电站，装机容量为 4000 千瓦。

但是，我们已经取得的成绩仅仅是开始，总的开发利用风能的水平还很低，风力发电只是局限在内蒙古、新疆等个别地区和东南沿海的少数岛屿。未来，我们还将建设风力发电场（20万千瓦）和推广微小型风力发电机。

发展微小型风力发电机是符合我国国情的。尤其在那些具有相当丰富风能资源的偏僻农村里，不用花很多钱就能装几万、几十万台微小型风机，把风能变成电能供自己利用，那该多好！

风机，好像一个个具有巨大旋转手臂的"机械士兵"们，哼着一首首开发能源的曲调排成一列。当它们长长的"手臂"像农民收割庄稼一样在空中旋转划动的时候，发电机就把风力转换成了电力。

不过，无论在国内还是在国外，风能利用都还是刚刚起步。风在哗啦哗啦地吹，一天又一天，一年又一年，它好像是在叹息，又像是在诉说：人们啊，你们不是经常在议论能源短缺甚至能源危机吗？可我却闲着有劲没处使，为什么不抓紧时间好好开发利用我们呢？

实践已经证明，开发利用风能，无论在技术上还是经济上，都是可行的和有利的。

开采"白煤"，大有可为！

五、绿色能源

"阳光仓库"

绿色能源，这个名词可能你还是第一次听到。

这个名词不一定很确切，科学上称它为生物质能源，或者简称之为生物能。

生物包括植物、动物和微生物。动物和大多数微生物都得靠植物为生，所以只有绿色植物才称得上是真正的生物质能的"创造者"。

课堂上老师一定告诉过你，绿色植物在太阳光的照射下会发生光合作用，把二氧化碳和水这样一类简单的无机物，合成像碳水化合物这样一类复杂的有机物，同时放出氧气。绿色植物光合作用的过程，就是它们成长壮大的过程，也是它们吸收、储存太阳能的过程。

绿色植物通过光合作用合成的有机物，既可以为人类提供食物，为动物提供饲料，为工农业生产提供各种原材料，也可以为人类社会的生产和生活提供能源燃料。

事情就是这样，当我们把植物砍下来当柴烧的时候，燃烧过程中放出来的热量，还是植物活着的时候通过光合作用储存起来的太阳光。所以正如前面所说，生物能也是由太阳能转化而来的。

生物能可以说是一种最古老的被人类有意识地加以利用的能源。人类自从若干万年前发明用火以来，就一直在燃烧着生物质，用它来为生产和生活提供能量。即使到现在，依靠它来满足家庭需要的人仍然比依靠别的任何燃料的人都多。

可是，世界能源记录里却几乎找不到生物能。

是生物能对人类的贡献小吗？完全不是。历史上它对人类社会进步所起的决定性作用且不说，就是现在，全世界大约还有 25 亿人，即几乎占世界人口的一半，烧饭、取暖和照明都在依靠生物能。这些人大多数居住在发展中国家的农村。调查结果告诉我们，在 1987 年全世界消耗的能源中，生物能占了 14％，大约相当于 12.57 亿吨石油。特别是发展中国家，消耗的全部能源中生物能的比重竟高达 35％。

是生物能资源贫乏吗？不是。有人估计，目前地球上绿色植物所储存的能量，加在一起大约相当于 8 万亿吨标准煤，比目前已知地壳内可供开采的煤炭总储量还多 8 倍！

这还不算，更重要的是，像煤炭这一类矿物能源，短时期内不会再生，采出一点少一点，总有一天会采光。而生物能却是"活"的，能够再生，可以永续利用，永不枯竭。生物学家说，地球上的绿色植物一年当中通过光合作用储存起来的太阳能，几乎是目前人类一年中主要燃料消耗量的 10 倍。也就是说，全世界绿色植物在一年中"新生"出来的能量，就足够人类使用好几年！

使用生物能会带来环境污染吗？不会，恰恰相反。生物质基本上是由碳水化合物组成的，如果这种燃料燃烧能够完全，那只会产生很少或者根本不会产生有毒有害气体。

生物质的烟烧产物主要是二氧化碳。二氧化碳被称做温室气体，它在空气中的含量多了会产生温室效应，引起全球气温上升，从而带来一系列严重后果。但是，绿色植物又能吸收"吞噬"二氧化碳，大量种植绿色植物不仅可以抵消由于燃烧生物质而产生的温室气体，

而且实际上还能帮助阻止全球气候变暖，有利于改善生态环境。

因此，尽管目前生物能的用量还不是很多，它在世界能源构成中所占的比重不是很大，但是它很有前途，大有潜力可挖，世界上很多国家都在努力开发生物能，有人甚至赞誉它是"未来的燃料"。

当然，生物能也有不足之处。它的能量密度比较小，体积大，运输、储存困难，使用也不方便；绿色植物光合作用的效率低，通常只能把 0.5%～1.5% 的太阳能转化成生物能；种植植物需要占用大片土地，甚至与粮食作物争地。此外，目前可以利用的生物能作为燃料来使用，热效率很低，尤其在发展中国家，一般只能利用 8%～10%，其余 90% 以上的能量都白白地浪费了。

这些都是今后需要进一步研究解决的问题。

绿色能源包括从动植物那里得到的一切燃料，诸如木柴、农林业的残余物、牲畜粪便等，不要以为只有发展中国家的农村才把这些东西做家庭燃料，事实上，某些工业发达国家也在开发利用生物能，并把它看作是最丰富、最便宜的发电燃料之一。

现在，美国用木材作燃料的数量比用来制材、生产纸浆和造纸的数量还多。一些电业公司正在几个州修建以木材为燃料的火电站，加利福尼亚州这类火电站的发电能力已达 50 多万千瓦。纽约市的斯塔滕岛上有一座 5 万千瓦的生物能电站，这座电站是用修剪树木时残留下来的树枝做燃料来发电的。

欧洲国家每年差不多也要消耗相当于550万吨石油的燃料木材。其中光是德国每年烧用的木材燃料就有700万吨，相当于250万吨石油的能量。

为了做到最有效的燃烧，一方面要设计专用的生物燃料火炉，另一方面还要对生物燃料进行适当的加工，使它们尽可能均匀一致，如把木材烘干切成片，把农林业残余物压制成块等。

最近美国还在加利福尼亚州建造了两座以农作物残余物为燃料的电

站，这些残余物主要是稻草、稻壳、棉梗、棉桃壳等，它们把锅炉里的水烧成蒸汽，蒸汽推动涡轮发电机发电。一座电站的容量为 1.25 万千瓦，另一座为 7300 千瓦。

近年来，以甘蔗渣为燃料的火力发电受到了重视。法国在法属留尼汪岛上建造了一座这样的电站，它每年消耗 20 万吨甘蔗渣和 10 万吨煤炭，榨糖季节烧甘蔗渣发电，其他时间烧煤发电，为该岛提供 5.1 万千瓦的电力。

甘蔗渣发电很有前途，尤其是在发展中国家。1 吨甘蔗榨糖后可以留下 320 千克甘蔗渣，而一家糖厂每年就能处理几十万吨甘蔗。现在发展中国家只有毛里求斯和哥斯达黎加比较充分地利用了本国巨大的甘蔗渣发电的潜力：毛里求斯用甘蔗渣生产的电力占全国发电量的 16%；哥斯达黎加在干旱季节水电资源短缺时，就用甘蔗渣发电来满足国内用电的需要。

1988 年底，美国加利福尼亚州圣地亚哥以东 180 千米沙漠地区的一家牧牛场旁边，建成了一座奇特的发电站，它以牧牛场里 25 万头牛的粪便作燃料，每小时燃烧牛粪 40 吨，发电 1.7 万千瓦，给 2 万户家庭供应电力。这是当时世界上最大的畜粪发电厂。

原来使人感到难以处理的牛粪，如今先用卡车送到储料场，在那里用平土机压实，减小体积，降低水分，并加工成一定大小的料块，然后用传送带送到特制的燃烧炉里去燃烧发电。牛粪燃烧后会产生大量灰渣，电站每天排出灰渣 160 吨，可以用来铺路垫基，也可用作农田肥料，还可以制作污水吸附剂等。

牛粪可以用来发电，其他牲畜的粪便也有同样的用场。英国一家公司曾建造欧洲第一家以鸡粪为燃料的发电站，每年燃烧近 10 万吨鸡粪、褥草和木屑，能发出 1 万千瓦的电力，供 1 万户家庭取暖和照明之用。

毫无疑问，在陆地上，树木是最重要的绿色能源。全世界的森林面积共有 40 亿公顷，储存的能量相当于目前全世界能源总消耗量的 25～

30 倍。

看到这里，有人也许会担心：现在森林资源奇缺，到处都在呼吁保护森林，救救森林，制止乱砍滥伐，你说森林是绿色能源的主力，又说要开发生物质资源，这会不会导致人们去伐树砍柴，引起更大规模的森林破坏，从而带来不可估量的后果呢？

如果真的是这样，光砍伐使用，不种植补充，那后果确实非常严重。比如，在尼泊尔，每人每年消耗木柴燃料高达 600 千克，而每人每年木材的更新量却只有 80 千克，这样"入不敷出"，林木柴薪必然越来越少；在上沃尔特，由于乱砍滥伐，一些重要城市几十千米的范围内，已经也找不到木柴；在塞内加尔，森林的砍伐如果仍以目前这样的速度继续下去，那么 20 年后森林将在这里绝迹。再说，滥伐森林不仅仅是使木柴燃料日益短缺，难以为继，更严重的是会引起水土流失，物种灭绝，气候失调……人类将为此付出巨大的代价。

但是，我们这里所说的开发绿色能源，同破坏森林资源根本不是一回事。我们既不主张只砍不栽，更不提倡乱砍滥伐。恰恰相反，开发森林资源首先就得培育和保护森林资源，特别要大力营造薪炭林，这同植树造林、绿化大地的精神是一致的。

薪炭林是一种以生产薪柴为主要经营目的的树林。营造薪炭林当然应该选择那些生长快、储能效果好的速生树种，用这类树种造林，从种植到成林一般只需要 3～5 年。从获取能源的角度来看，一公顷薪炭林顶得上几公顷、几十公顷普通林。

一片森林就是一个储存太阳能的"阳光仓库"。同开发其他的能源相比，营造薪炭林可以说是技术上最简单和最轻而易举的事，而且投资最少，只要生长几年就能成林，经营得法还可以永续利用，长存不衰。

现在世界各国都很重视森林能源的开发，并计划要在今后若干年内大大增加森林能源在整个国家能源结构中的比重。

我国现有薪炭林 300 万公顷，加上其他地区和屋旁栽种的树木，每年大约可以提供薪柴1亿吨。1亿吨薪柴的数目似乎不少，但是对于一个拥有12亿人口的大国来说，这还非常不够。事实上，我们一方面农村能源紧缺，1.7亿户农村家庭当中竟有8000万户每年有3～6个月缺柴烧，另一方面，全国又有大片荒山野地没有开发，等待利用。如果我们把全国0.8亿公顷适宜造林的荒山野地都用来营造薪炭林，每年产出的绿色能源相当于4亿桶石油，差不多等于我国石油年产量的一半，那可就真解决大问题喽。

除树木之外，人们还找到了另一种有希望的植物能源——中国芦苇。它原产于中国北部和日本，在3个月内即可长到3米多高，每年每公顷的产量高达35吨，这比速生树种杨柳的产量还高1倍。

经英国和德国科学家证实，芦苇具有重大的经济价值，有可能成为欧洲未来的新能源。

一"气"出百宝

农民收工回家，拧开炉灶上的开关，划根火柴，蓝色的火苗就呼呼地着了起来。约莫半个钟头，一顿饭做好了，既方便，又干净。

夜幕降临，一拉灯绳，电灯大放光明。一家人看电视，听广播，孩子在灯下做功课，老奶奶借着亮光干家务。

这都是农村发展沼气带来的好处。

广东省顺德县新埠有个小村，全村84户人家，家家都用沼气和太阳能，有"新能源村"的美名，过去，这个小村生活用燃料每年短缺45%，兴办沼气后，燃料不缺了，1年可以节省700来吨煤。过去，这个村在用电上完全是个"伸手户"，如今有了"小沼电"，照明和饲料加工用电的65%已经能自给。

发展沼气促进了农副业生产的发展，农民收入增加，环境卫生大为

改善，好处很多。

什么是沼气？沼气是怎样生成的呢？

如果你来到湖泊、池塘边上，用木杆儿搅动一下池底，常常可以看到一连串的气泡从水中冒出来。把这些气体收集到一个瓶子里，一点火就会烧着——这就是沼气。

简单来说，沼气是各种生物质在一定条件下，通过微生物的发酵作用生成的一种可以燃烧的混合气体。它的主要成分是甲烷，其次是二氧化碳，另外还有少量别的气体。

甲烷可以燃烧，这就使沼气成了一种很好的气体燃料。燃烧 1 立方米沼气顶得上燃烧 0.8 千克煤或 0.65 千克石油。甲烷还是制造乙炔、合成汽油、酒精、塑料、人造皮革、人造纤维等一系列重要化工产品的原料。

池塘里冒出来的沼气是天然沼气。天然沼气是从水下池底的污泥中产生的，原因是污泥里含有很多的生物质，包括水中生物的机体、粪便，以及来自陆地上的有机废水、废渣等。

那么仿照自然条件，采用人工方法，是否也能生产出沼气呢？

当然能，这就是我们一开头提到的农民家里烧用的人工沼气。同天然沼气相比，人工生产沼气效率更高，质量更好。

人工生产沼气其实并不难，把作物秸秆、树叶、杂草以至人粪尿、牲畜粪便之类，装到一个密闭的用砖、石、混凝土等砌筑成的沼气池里，创造微生物发酵所需要的营养和环境条件，让它们加速繁殖，通过一系列复杂的生物化学反应，就把生物质里一半左右的有机物变成了沼气。

为了提高发酵的效能，生产更多的沼气，发酵池一定要封闭得严严实实，发酵温度要控制得恰到好处，投进生物质原料的数量要适当。有的发酵池还要配备搅拌和加热设备。

发展沼气有很多好处。

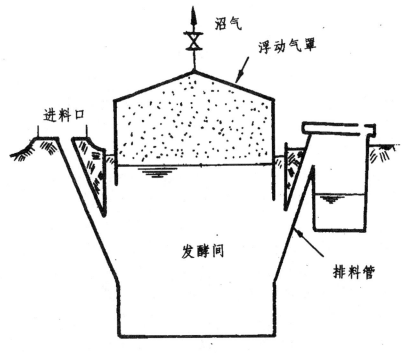

沼气池构造示意图

据世界银行估计，目前全世界至少有 8 亿人口全部依靠农林业残余物和牲畜粪便做家庭燃料。某些发展中国家低地平原的家庭燃料中，农林业残余物和牲畜粪便占 90％以上。这些生物质中的大部分都可以用作生产沼气的原料。

拿作物秸秆来说，光是发展中国家农村里每年产生的作物秸秆就有 3.8 亿吨，其中 60％以上都被当作薪柴烧掉了。有些国家还把牲畜粪便做燃料，据估计，全世界每年直接烧掉的干牛粪不下 1.5 亿吨（其中印度约用了 2/3），另作他用的干粪也有一两亿吨。

把这些生物质作为燃料直接燃烧存在很大问题：一是这些生物质除了用做燃料，往往还有别的用途，如做肥料或饲料等，直接烧了可惜；二是把它们做燃料直接燃烧还有不少缺点——体积大，比较松散，运

输、储存困难，使用不便，燃烧热能利用率低，等等。

把固体的生物质转化成气体的沼气又怎么样呢？

沼气是一种优质气体燃料，运输、储存完全不像固体的作物秸秆、牲畜粪便等那么困难，把它接到沼气灯上可以点灯照明，通进沼气炉灶可以烧水做饭，开动发动机又能做功发电。沼气燃烧方便，清洁卫生，而且发热能力高，1.5立方米沼气就顶得上1千克汽油，别说稻草、牛粪，就是比烧木柴、煤炭也要好得多。

燃烧固体生物质时热能损失很大，大部分的热量都没有得到利用。把固体生物质转化成沼气后使用，可以大大提高热能利用率，即使把在沼气池里转化过程中损失掉的有机物都计算在内，使用沼气也要比直接燃烧生物质的热能利用率高得多。比如，燃烧干草的热能利用率算是比较高的了，通常燃烧10千克草才能把100千克水烧开，而用10千克草制成的沼气却可以烧开180千克水。

作物秸秆可以用来饲养牲畜，秸秆还田又能增加土壤肥力。牛粪更是很好的有机肥，1吨牛粪肥田可以增产50千克粮食。直接燃烧这些生物质，同时也就把其中的营养物质付之一炬。但是，如果用它们制取沼气，那肥分就不会丢失，而会积留在沼气池里。事实证明，沼气池里的残渣废液是很好的肥料，用来肥田，可以使农作物增产10%～40%，对于改良土壤也大有好处。沼气地里的残渣还可以用来栽培蘑菇，饲养蚯蚓。用沼气池里的肥水养鱼，鱼儿养得又大又肥。

发展沼气有利于保护生态环境。沼气多了，意味着可以少烧秸秆，少砍树木，结果是农村的植被得到了更好的保护，林木葱葱，绿草悠悠，自然环境变得更加美好。

发展沼气还加强了对粪便、垃圾的管理，既改善了环境卫生，又减少了疾病传播的机会。使用沼气也给农民的日常生活带来了方便，有助于把人们从繁重的家务劳动中解放出来。

沼气发酵研究只有几十年的历史，英国人卡梅龙建造了第一个沼气

池，并用生产出来的沼气点亮了街灯。

现在研究和生产沼气的国家可就多了，不仅有发展中国家，也有工业发达国家；不仅在农村，也有的在城镇；不仅用作物秸秆、牲畜粪便做原料，而且还把沼气生产同水生植物的养殖以及生活污水，工业废水废渣的处理联系了起来。

日本把沼气发酵用来处理酒精蒸馏废液。一个年产 2 万吨酒精的工厂，把生产过程中形成的废液全部用来制取沼气，1 年就可以获得沼气1100 万立方米，相当于 8600 吨煤的能量。

在英国的 5000 个污水处理厂中，有 1/3 是用通过发酵所得的沼气作动力的。他们还建造了一个用养鸡场的褥草和鸡粪生产沼气的自动化工厂。据估计，英国人和动物产生的各种有机废物，如果全部用来通过发酵生产沼气，即可替代这个国家 1/4 的煤气消费量。

法国在南部利摩日地区建造了两座垃圾发酵处理站，每年处理垃圾8.45 万吨，每小时生产沼气 800 立方米，这些沼气已供一些工厂和煤气公司使用。

美国一家牧场兴建了一座沼气厂，利用牧场粪便和其他有机废物生产沼气，每天处理 1650 吨发酵原料，产出沼气 11.3 万立方米，用以满足 1 万户家庭的需要。

江河湖海中的水生植物也可以用来生产沼气。美国海域生长着一种特大型海带，现在已经开辟了一个 1400 平方千米的海底农场来进行养殖，收获的海带用不着干燥，可以直接送到发酵池里通过发酵来生产沼气。按照美国家庭能源消耗的标准，这个海底农场提供的沼气，可以满足一座 5 万人口城市家庭的需要。

发展和利用沼气，对于农村能源短缺的发展中国家尤其具有迫切的现实意义。

说起来，我国还是一个"沼气之乡"，早在 1932 年就有了沼气池，20 世纪 60 年代得到迅速发展。1980 年我国制订了沼气池设计与修建的严格标准，到20世纪90年代，我国使用沼气池的农户已超过500万个，年产沼气10亿多立方米。我国发展沼气的经验，已经受到世界上很多国家，特别是发展中国家的重视。

我国人多地大，沼气资源非常丰富。目前全国每年大约生产作物秸秆2.3亿吨，粪便2.1亿吨，仅此两项，通过微生物发酵，就可以生产沼气990亿立方米，获得热能495万亿千卡，平均每个农村人口每天可以得到3866千焦，这就比目前我国农村人均能源消费水平高很多。

沼气是一种取之不尽用之不竭的可以再生的生物质能源。尤其在农村，发展沼气不仅是一项重要的能源建设，也是一项重要的肥料建设和卫生建设，是解决我国农村能源短缺，充分利用农业资源，改善农业生态环境的一项重要措施。

酒精开汽车

酒精又叫乙醇，是各种酒类的重要成分。

酒精是一种无色而带有特殊香味和辣味的液体。

护士打针以前要用棉花蘸酒精擦一下针头和打针部位的皮肤，这叫酒精消毒，为的是防止细菌感染。

酒精是一种重要的化工原料，工业生产染料、塑料、合成纤维、合成橡胶、溶剂、杀虫剂等化工产品时都要用到它。

我们最感兴趣的是酒精能够燃烧。酒精灯里装的就是酒精，它一点火就着，火焰颜色很淡，但是火力很强。

燃烧1千克酒精，可以放出29726千焦的热量，比普通煤的发热能力还高。

这就是说，酒精是一种很好的液体燃料。

前面我们介绍的由生物质转化成的气体燃料——沼气是一种非常好

的能源，而液体能源则更便于使用、储存和分配。可以说，在各种形态的能源里，液体燃料是用途最广也是最紧缺的一种。

汽油不是一种液体燃料吗？酒精能不能用来代替它呢？

可以的。汽油是汽车的燃料，酒精也可以用来开汽车。酒精用作汽车燃料还有一些明显的优点：燃烧完全，热能利用率高；抗爆能力强，不用加含铅的防爆剂；排出的有毒有害气体少，可以减轻环境污染。

普通汽车发动机稍经改装就可以用纯酒精作燃料。如果用汽油和酒精的混合物来开汽车，汽车的发动机甚至不经改装就可以使用。

1升酒精可以驱动汽车在马路上奔驰16千米。

酒精也是一种生物能，因为它是用淀粉、糖等有机物经过微生物的发酵作用生产出来的。含有淀粉和糖的生物质很多，包括甘蔗、甜菜、玉米、高粱、木薯、马铃薯乃至水草、藻类等等，它们都可以是生产酒精的原料。

把生物质转化成石油的替代品是一条很有发展前景的道路，对解决未来石油短缺的问题具有重要意义。

有些国家已经开始生产并利用酒精作燃料了。比方说，美国就在1987年生产了30亿升燃料用酒精，主要是用剩余的玉米制取的。美国有30％的汽油掺酒精，酒精的掺入量为10％左右。

由于各国资源不同，酒精生产也各有特点。

北欧的瑞典、挪威、芬兰森林资源丰富，造纸业发达，多采用纸浆废液作生产酒精的原料。美国、日本、俄罗斯普遍使用谷物淀粉通过发酵制取酒精，欧洲许多国家也准备照此办理。南美的巴西、古巴以及非洲的津巴布韦等盛产甘蔗，于是大量的甘蔗糖副产品为他们发展本国的酒精生产提供了物质基础，1吨甘蔗通常可以生产167升酒精。

非洲的津巴布韦在探索燃料酒精的生产方面走出了一条自己的道路。这个国家的东南地区有一家酒厂已开工9年，唯一的问题是气候干旱，经常造成甘蔗减产，同时也降低了酒精的产量。他们的做法是在汽

油中掺进 12％～15％的酒精，如果酒精增产，掺入量可以加倍。

既然津巴布韦能够实现自己的酒精生产计划，那么其他非洲国家当然也可以照此办理，于是津巴布韦的成功经验就推动了非洲其他国家生产液体生物燃料的工作。比如，马拉维就已经建成了一座年产 900 万升酒精的工厂，他们在汽油中掺入了 15％的酒精，甚至计划用纯酒精来开汽车。

不过，巴西才是世界上大规模使用酒精的第一个国家。他们在 1975 年就制订了全国性的"酒精计划"，逐步把酒精或酒精与汽油的混合物用作汽车燃料。现在，巴西的 1350 万辆汽车中，大约有 1/4 是以纯酒精作燃料的，一半以上的汽车靠酒精和汽油的混合物开动。

阳光、雨水充沛的巴西，植物资源丰富，只要用 3％的可耕地来种植那些含糖分很高的植物，给生产酒精的工厂提供原料，就可以成为世界上第一个在再生能源方面实现自给自足的国家。

澳大利亚、菲津宾、南非和印度都准备仿效巴西，通过发展酒精生产来弥补本国石油资源的不足，一来可以减少石油进口，节省外汇，二来可以推动落后地区农业生产的发展。

除了成本较高，用酒精作燃料还有一个问题：淀粉和蔗糖、葡萄糖等都是人类生活的必需品，当前世界粮食供应紧张，用玉米、高粱、甘蔗、甜菜之类来生产酒精总是有点可惜。那么，生物质中是否还有别的成分可以用来生产酒精呢？

人们想到了纤维素。纤维素与淀粉、蔗糖、葡萄糖等一样都是碳水化合物，只是纤维素的分子比它们更大。如果能把纤维素的大分子打碎，分解成一个个的葡萄糖分子，那就可以用来发酵制取酒精了。

科学家们正在寻找或者采用生物技术创造一种新的微生物，它们既有分解纤维素的本领，又有发酵糖分生产酒精的能力，一面"吃"纤维素，一面"拉"酒精，这该多好啊！

如果用纤维素生产酒精的问题解决了，那么生产酒精的原料来源也就不用发愁了，不仅不再会与粮食争地，而且还能大幅度降低生产成本。这是因为纤维素是各种植物组织的主要成分，数量多得很，一般植物体内大约有一半是纤维素。

有人估计，整个地球上的植物，通过光合作用，每年能够生成1500亿吨纤维素，可惜现在大多数都被当作废物扔掉了。今后如果能把它们充分利用起来生产酒精，那对缓解全球的能源危机将起很大的作用。

顺便说一句，酒精既然是汽油的代用品，那么它就不仅能够用来开动汽车，也应该可以用作飞机的燃料。

果然，1989年12月15日，美国得克萨斯州拜诺大学教授史候克和意大利籍女副机械师萨宁，驾驶着一架以酒精为燃料的飞机，从得克萨斯州的华科出发，飞越大西洋，经过加拿大、葡萄牙、西班牙，最后于12月19日到达法国巴黎的近郊机场。实践证明，同汽油相比，酒精能产生更大的动力，而且燃烧稳定，排放的污染物也少。

除了酒精——乙醇，还有甲醇呐！甲醇和乙醇一样，都是近些年来人们努力寻找和开发的汽油代用品，目的不仅是为了弥补石油短缺，也是为了减轻汽车排放废气所造成的日益严重的环境污染。

汽车是人类最重要的交通工具，可是，现在奔驰着的各种汽车却给城市空气造成了严重的污染。汽油在汽车发动机中燃烧后会产生多种有毒有害气体，如对人体有害的一氧化碳、碳氢化合物、氮的氧化物、铅的化合物、硫的化合物等。

为了减轻城市空气污染，必须大大降低汽车的污染物排放量，已经采取了多种措施，可惜都没有取得理想结果。现在看来，最有效的途径，还是用新的汽车燃料来取代汽油。

酒精之外，甲醇就是一种比较好的汽油代用品。一些发达国家的实践证明，汽车如果改烧85％甲醇和15％无铅汽油的混合燃料，碳氢化合物的排放量就可以减少20％～50％；如果汽车使用100％的甲醇，那

么碳氢化合物的排放量将减少 85％～95％，一氧化碳的排放量减少 30％～90％，一氧化氮的排放量也将大大降低。

所以有不少国家，尤其是那些城市空气污染比较严重的国家，都在积极研究让机动车改烧甲醇，大力发展甲醇汽车。

可是，甲醇又从哪儿来呢？它同生物质也有关系吗？

目前生产甲醇的最佳原料是天然气，有些国家还在研究用煤制取甲醇。但是，甲醇也可以通过对生物质的高温热解来取得。举例说，1985年，欧洲就建成了 4 座用木屑生产甲醇的工厂。印度的旁遮普邦也实施一项能源计划，就是从农业废料稻秆、稻壳中制取甲醇，然后以它作为石油的代用品用来发电。

这就是说，同酒精——乙醇一样，甲醇也是一种生物质能源。

垃圾好归宿

"现在最大的问题是垃圾无处堆放。"北京市环境卫生管理局的负责人这么说。

北京市 1980 年的生活垃圾共 150 万吨，粪便 92 万吨；1981 年生活垃圾增加到 167 万吨，粪便 94 万吨。以后垃圾年年增加，现在一年产生的垃圾就可堆成一座半像煤山那样的小山，如果再加上工业垃圾和建筑垃圾，那数量就更惊人了。

没有人不知道垃圾，而且因为垃圾又杂又乱，又脏又臭，所以谁都对它没有好印象。

但是，生产越发展，生活越改善，垃圾的数量往往也越多。据报道，现在全世界一年产生的垃圾量多达近百亿吨，这相当于全球粮食年产量的 6 倍，钢产量的 14 倍。其中以美国产生的垃圾最多，光是生活垃圾每年就有 2 亿吨，加上工业废料和其他废弃物，少说也有 20 多

亿吨。

为了处理堆积如山的城市垃圾，光是日本东京一个城市，每天就得出动五六千辆卡车和上百艘轮船不停地往外运输。美国用于处理垃圾设施的投资，每年高达 100 亿美元。

这么多的垃圾，不仅占用地皮，散发臭气，影响市容，而且会传播疾病，污染水质和环境，威胁人类的健康和生存。

如此说来，垃圾真的就是"有百害而无一利"的固体废物吗？

不，不能这么说。垃圾是个大杂烩，可以说什么都有，废纸、破布、塑料、玻璃、金属、动植物废料等等，还有灰土、尘渣、碎石之类。这些并非都是废物，其中有的还是重要的工业原料，收集起来，稍经加工，就可以派大用场哩！

处理这些垃圾有三项工作要做：回收利用其中的有用物质；开发利用其中的可用能源；再有就是填埋了事。

这里我们主要介绍垃圾的能源利用，特别要讲讲焚烧垃圾发电。

在不少的城市垃圾里，往往含有 30％ 的可燃物，其中包括各种各样的有机生物质，比如木块、木屑、柴草、秸秆、菜叶、瓜果皮等。

可燃物的种类不同，发热能力也不一样，一般每千克可燃物燃烧后可产生 4186.8～41868 千焦的热量。

把垃圾集中到一起，手拣、破碎之后，又经磁选、风选，总之要采取种种手段，将垃圾分拣归类，最后得到我们所需要的有机可燃物。

对于垃圾里的有机可燃成分，可以采用不同的技术手段进行加工，制成固体、液体或气体燃料。

前面提到的沼气和酒精燃料，就是使某些生物质在缺乏氧气的条件下，通过微生物的发酵分解作用生成的。比如美国有一家最大的废物处理厂，每天从芝加哥等城市运来 80000 吨垃圾，通过微生物发酵制取 70 万立方米沼气。芝加哥的地下铺设有很多管道，管道与各个垃圾沼气池相连，垃圾在沼气池里腐烂发酵，生成的沼气经管道输送给各个

用户。

把有机垃圾放到一种专门的热解设备里，隔绝空气，在高温、高压和气化剂的作用下，可以获得甲烷、乙烷、氢气、一氧化碳等可燃气体，以及焦油、焦炭等液体和固体产物，它们不仅是用途广泛的化工原料，也是便于运输、储存的优质高效燃料。

可燃性垃圾经过发酵和机械粉碎，还可以压制成固体燃料块，有的固体燃料块甚至比木材的发热本领还高。比方说，有一家垃圾处理厂，每加工 2400 万吨垃圾，就能制得 1300 万吨可燃"垃圾块"，所得热量相当于 500 万吨石油。

既然是可燃垃圾，当然也可以放到炉子里去直接燃烧，不过这需要有一种专门设计的垃圾焚烧炉。无论是单独燃烧还是同石油、煤炭一起混合燃烧，都能放出相当多的热量。比如，一般有机成分含量比较高的垃圾，每燃烧 1 千克就可以放出热量 4186～29307 千焦，这些热量，可以用来发电，可以用于供热，更多的是两者并用。

调查报告表明，现在全世界大约有 500 家大型的"垃圾变能源"的工厂，它们大部分分布在西欧、美国和日本，新加坡、马来西亚、俄罗斯等国也有一些。

垃圾用作能源的比例，有些国家已经相当高。比如丹麦已占 75％，瑞典占 50％，德国为 27％，日本每 4 吨垃圾中就有 1 吨用作能源，法国的用量也在 1/5 以上。

加拿大对垃圾处理相当重视，已开始把它用作发电的燃料。他们在安大略湖边上建造了一座用 90％的煤和 10％的垃圾作燃料的发电站，发电能力为 1.5 万～2 万千瓦。电站里很干净，既没有怪味，又避免了大量处理垃圾的麻烦，经济效益也很高。今后他们还准备建造几座 10 万千瓦级的垃圾发电站。

美国通过焚烧垃圾发电已比较普遍，现在大约有 160 个变垃圾为能源的工厂，计划建造和正在建造的还有 100 个以上。他们使用的焚烧炉

能够控制焚烧的温度、时间和火焰的情况，从而获得了比较好的焚烧效果——焚烧每吨垃圾可产生 525 千瓦时的电能，同时还能减少 75％～90％的垃圾量。

过去美国传统的垃圾处理办法是填埋，可是，如果再这样发展下去，那么 10 年之后，全国就将有半数以上的城市再也找不到填埋的地方。因此，垃圾处理问题已经成为美国全国性的市政危机之一。

英国公民每人每年差不多要丢弃 330 千克可燃有机废物。如果能把英国的全部家庭垃圾统统用来焚烧发电，那就可以产生与一座大型核电站一样多的电力。

伦敦计划在从前赛狗场的场址修建一座垃圾发电站。电站的中央是一个专门设计的垃圾焚烧炉，它用加料机和机动炉箅保证垃圾有效地燃烧。垃圾被抛进火里，机动炉箅像自动滚梯一样搅动，把垃圾推向燃烧中心，燃烧温度高达 1000 摄氏度，把锅炉里的水烧成蒸汽，再由蒸汽推动涡轮机发电。这个垃圾发电站一年大约焚烧 40 万吨垃圾，可以生产 3.3 万千瓦的电力和提供 7.5 万千瓦的热量。

垃圾填埋场稀少的欧洲小国，比如丹麦和瑞士，最早使用焚烧炉来处理垃圾。国土狭小的日本也有许多垃圾焚烧炉，利用焚烧垃圾所得的热能来发电，1990 年已有 102 座垃圾发电站。日本还有不少地方用焚烧垃圾的热量来烧洗澡水。

瑞典哥德堡的一家垃圾发电站，每天焚烧 1000 吨城市垃圾，供热 10 万千瓦，发电 1.4 万千瓦。荷兰莱门德公司的垃圾发电厂，利用所发的电每年生产 900 万吨蒸馏水。意大利罗马市垃圾处理厂，集中处理全市 41.7％的垃圾，先用巨型磁铁吸出金属，再用风机扬出纸张和塑料，瓜果皮等有机物被用作肥料和饲料，最后剩下的垃圾焚烧处理，生产的热量每年可节约 3 万吨燃料油。

匈牙利 1982 年建成了一个大型垃圾发电厂，有 4 个燃烧室，每个燃烧室可以燃烧 15 吨垃圾，除用于发电之外，还能提供 250 摄氏度的蒸汽。电站生产过程实现全部自动化，工作人员不同垃圾直接接触。燃烧产生的废气经过净化再排入大气，剩下的炉灰还可用来肥田。

我国的城市垃圾也在日益增多，而且越来越成为严重的环境问题。拿第一大城市上海来说，每天产生的生活垃圾就有五六千吨，并正以每年 10% 的速度增长。我国城市垃圾的可燃性成分含量低，加上资金有限，目前仍以卫生填埋为主要的处理方式。但是，在那些居民生活水平比较高的沿海和开放城市，应该着手研究和考虑建造垃圾焚烧发电站。

可以这样算一笔帐：经济发达城市的一个 4 口之家，每年大约要产生 1 吨垃圾，这些垃圾可用来发 500 千瓦时的电，这么多电差不多能满足我国城市一个家庭一年的照明用电的需要。

所以说，利用城市垃圾发电，既有效地处理了垃圾，改善了环境卫生，又变废为宝，获得了可贵的能量资源，一举两得，何乐而不为！

"种植"石油

在五彩缤纷、千姿百态的植物世界里，生存着一种很少有人知道的生物石油资源，人们称它们为石油植物或能源植物。

大家都知道，一般绿色植物通过光合作用，只能生成由碳、氢、氧元素组成的碳水化合物——糖类。可是，有些植物却能将光合作用进行得更彻底，生成许多胶汁状的碳氢化合物，成分和性状同石油相似，石油植物或能源植物的名称就是这么得来的。

石油植物其实说不上是植物世界中的一块新大陆。早在1928—1932年，美国科学家艾迪逊在调查研究橡胶树的时候，就发现好几种植物的汁液中含有碳氢化合物，从它们的树皮、树干、根叶、果

实中流出了可以燃烧的液体。

但是，由于当时矿物石油来源充足，开采方便，价格便宜，因此这种生物石油并未引起多少人的注意。

现在情况有了变化，矿物石油越来越少，价格越来越贵，来源也缺乏可靠的保证，于是，人们又想起这种可以再生的生物石油来了。

第一个在开发生物石油方面作出了重要贡献的是诺贝尔奖金获得者、美国加利福尼亚大学教授卡尔文。他为寻找石油植物跑遍全世界，结果发现，可以为人们提供生物石油的植物资源极其丰富，在他调查的3000多种植物里，就有8种含有类似石油的碳氢化合物。

比如，在巴西的亚马孙河流域，卡尔文找到了一种"石油树"，当地居民叫它"苦配巴"。这是一种乔木，可以长到30米高，1米粗，在它的树干上钻一个小孔，两三个小时就能流出一二十升金黄色的油状树汁，成分非常接近柴油，可以不经加工提炼，直接用作大部分农业机械、运货卡车、机车和发电机的燃料。

美国已经引种了"苦配巴"，在加利福尼亚州建立了种植试验场，100棵"苦配巴"一年便能生产一二十桶"柴油"。日本也在冲绳岛上种植"苦配巴"，并把它产出的"柴油"用来开动运货卡车，时速可达40千米，排出的有毒有害气体比较少。

不光卡尔文在找，其他科学家也在寻找石油植物，而且找到了不少。

美国香槐又叫续随子，是一种大戟科植物，有一两米高。用刀子将它的树皮划破，会流出乳胶状汁液，稍经处理，就可以获得类似汽油的燃料。经过人工栽培，每公顷美国香槐人工灌木能产油50桶以上。

不过，目前生产续随子油在经济上还是不合算的。大戟科植物大约有2000种，人们已经知道其中至少有12种是大有希望的"石油树"，现在仍有几个国家在继续探索培育新的高产品种。

生长在菲律宾的海桐花，结出的果实可以榨油。1千克海桐花新鲜

果实榨油 52 克，油液经过加工，可作汽油的代用品。

阔叶棉木也是一种"石油树"，100 千克干阔叶棉木能产出 8～10 千克类似重油的燃料。这种"石油树"的产地在澳大利亚。

1981 年，我国林业科学工作者在海南岛找到了一种叫做油楠的乔木，它与"苦配巴"相似，也能产"柴油"。一棵油楠 1 年可产 10～25 千克"柴油"，而且一点火就着。我国已经制定了保护和发展油楠的计划。

不能光找大树，还要注意小草。科学家已经从 6500 种野生杂草里找到了 30 种"石油草"，人们同样从中提取到了石油的代用品。

美国有一种分布极广的杂草，秆高叶尖，发出的气味能驱除黄鼠等一类危害农作物的动物，所以俗称黄鼠草。用这种杂草居然可以提炼出正宗的石油，真是不可思议。每公顷野生黄鼠草能提炼出 1 吨石油，而从每公顷人工栽培的杂交种黄鼠草里提炼出来的石油，则是这个数字的 6 倍。若按这个比例推算，那么在 31 公顷的土地上种植这种杂交种黄鼠草，平均一个昼夜就能产出 500 千克石油！

可以提取石油的草本植物还有很多，比如从 1 公顷野生按叶藤和牛角瓜草身上提取到的液体燃料，差不多能抵 9 吨石油，怪不得有些科学家情不自禁地认为，这些从来都是默默无闻的小草，说不定将来会取代石油，成为人们驱动各种交通运输工具的能源。

除了陆地，地球上辽阔的水域也是开发生物石油的宝地。举个例子，某些海藻类的水生植物能够生产出一种油类物质，既可以作一般燃料使用，又能充当石油化工的代用原料。

美国通用电气公司的专家和加利福尼亚州理工学院的科学家们，在美国西海岸的海域中，找到并培育出了一种巨型海藻，它们长在海底岩石上，生长速度出奇的快，一昼夜竟能长高 60 厘米。对这种海藻进行加工，可以得到类似石油的可燃性物质。

现在，科学家们正在扩大试验，在水池中灌进海水来培育这些海藻，以从中提炼出可作汽车燃料的汽油和柴油。这项试验一旦取得成功，不仅可以大大降低燃料油的成本，而且有可能满足整个美国8％的燃料需求量。

说到这里我们就明白，在植物世界里，石油植物并非绝无仅有，寥若晨星，无论在陆地上还是在海洋里，无论在参天林木间还是在茫茫草原中，你还是有可能找到它们的踪迹的。

当然，作为能源植物，我们并不要求它们产出的液体燃料都是类似石油的东西。有的产出液体蜡，有的产出酒精，有的产出包括食用油在内的其他的油类，它们都可以为开发生物能源作出贡献。

比如大家都很熟悉的向日葵、油菜、大豆等油料作物，以及含油量高的椰子、油棕等等，从中提取的植物油最有希望代替柴油。德国已开发出一种技术，能把植物油加工成可供柴油机正常运转的燃料油，并且在加工过程中能够产生比燃料油更昂贵的、可供工业用的甘油，剩下的油粕还是蛋白质含量很高的饲料。

1980年，巴西曾提出用植物油代替柴油的计划，并已试验用棕榈油来代替柴油。棕榈油来自一种生长在巴西热带森林中的油棕榈树，这种树栽种3年后即开始结果产油，每公顷可产油10吨，是花生、大豆产油量的10～20倍。

再说桉树，全世界有600来种，日本科学家发现有20种桉树能产油。他们把含油的桉树叶用水蒸气蒸馏，结果得到一种挥发油——桉叶油，发热量很高，某些性能与汽油相似。用7份桉叶油和3份汽油的混合油做汽车的燃料，不仅燃烧性能良好，而且排出的废气也少。

已经找到的能源植物还有很多，这里不再一一列举。

应该说，现在大多数的能源植物，特别是石油植物，多是野生或半野生的，将来通过遗传改良、人工栽培以及采用先进的生物技术，必然能够进一步大大提高它们产油的质量和效率。

有些国家已经开始兴建能源林场和能源农场，专门种植能源植

物。大多数能源植物的要求并不苛刻，荒山荒地都能种植，酷暑严寒、水涝干旱也不在乎。

能源植物长起来了，生物石油将会源源不断地从能源林场、能源农场流出米。更重要的一点是，这种"石油"是能够再生而不会枯竭的。尽管目前要全面推广和使用生物石油还有许多困难，但它毕竟是一个开端，它为新能源特别是石油能源的开发开辟了一条新路。

六、地下"热库"

天然"大锅炉"

我们生活在地球上，脚下是"坚如磐石"的大地，可大地之下又是什么呢？

最简单的想法是地下统统是坚硬的岩石，整个地球就是一个大石球。不过也有人猜想地球的内部是空荡荡的，只要挖个洞，人就能钻到地下去——法国儒勒·凡尔纳的科学幻想小说《地心游记》曾引起很多少年朋友的兴趣。

还有的人认为地底下充满着水，水流进一个叫做"归墟"的无底深渊中去。

当然。这些想法都是简单幼稚的，并没有什么科学根据。

地球上每年要发生上百万次大大小小的地震，不过其中只有一二十次是破坏性的。强烈的地震会给人类带来可怕的灾难。

还有火山爆发，这种现象比较少见。地球上现在已知有552座活火山，其中68个在海底，它们一旦发起脾气来，就会把大量熔融赤热的岩浆喷出地面，酿成毁灭性的悲剧。

从地下流出温度超过20摄氏度的泉水——温泉，这是相当普通的事情。世界上许多国家和地区都有不同类型的温泉：有的流出热水，有的喷出热蒸汽。有的喷出的热水、热蒸汽有几米、几十米甚至几百米高。

地震、火山、温泉等自然现象说明了什么呢？说明地球内部并不是一个平静的世界，而是一个蕴藏着巨量热能的"大热库"。

现代科学告诉我们，地球大体上是个巨大的实心球体，半径大约为6370千米。地球的内部构造可以比喻作一个半生不熟的鸡蛋，分成3层：最外层叫地壳，相当于鸡蛋的蛋壳，厚度10～50千米；地壳下面的一层叫地幔，相当于蛋清，物质具有固态的特征，约有2900千米厚；地球最里头相当于鸡蛋蛋黄的部分叫地核，地核半径3500千米左右，主要成分是铁、镍一类的金属。

越往地球内部，温度越高，压力越大。比方说，离地面25～50千米深处的温度是200～1000摄氏度，100千米深处的温度是1500摄氏度，2900千米处为2700摄氏度以上，地核中心温度高达6000摄氏度。压力的变化更加惊人，32千米深处的压力为9×10^8帕，980千米深处的压力为3.8×10^{10}帕，地核中心的压力则大约达到3.6×10^{11}帕。

不难想象，高温高压的地球内部蕴藏着多么惊人巨大的能量，而地震、火山、温泉等自然现象，不过是地球内部能量的某些"即兴表演"罢了。

1960年5月22日，智利发生一次8.5级的大地震，地面到处出现大裂缝，13万平方千米的土地沉陷了2米，海里涌起八九米高的巨浪，有几千万立方米的泥石流滚进湖里。这次地震释放出来的能量，相当于10万颗普通原子弹爆炸！

1883年，印度尼西亚巽他海峡的克拉卡托火山爆发，使海岛的2/3遭到毁灭，20立方千米的岩石被抛向空中，火山灰上升到27千米高处，散落在77万平方千米的范围内，爆炸声几千千米以外都能听见。

太平洋沿岸阿拉斯加的卡特迈火山区有一个"万烟谷"，面积24平方千米，分布着几万个喷孔，每秒钟喷出 97～645 摄氏度的热水和热蒸汽 2.3 万立方米，1 年内从地球内部带出的热量相当于燃烧 600 万吨标准煤。

历史上，人们早就在采矿和钻探的实践过程中发现，往地下越深，岩石的温度越高。平均来说，大约每深入 100 米，温度要升高 3 摄氏度。

当然喽，这里所说的增温率是平均数，实际上各地的差别很大。另外，每 100 米增温 3 摄氏度是对地球的浅部来说的，到了深部，温度随深度增加而增加的程度——增温率就没有那么高了。

地下的温度为什么这样高？地球经过漫长岁月的变迁，内部怎么还能保持这么多的热量呢？

说法不完全一致。

前面我们讲核能的时候不是提到过放射性元素吗？放射性元素会不断地放出射线，放出能量，并在这个过程中衰变成为别的元素。地球内部有很多这样的放射性元素，估计它们每年至少可以产生 209.34 亿亿焦的热量，由于处在封闭、隔绝的环境里，热量散发不出去，日积月累，就使地球内部成了一个硕大无比的"热库"。

人们把地球内部的热能叫做地热能。

地热能有多少？有很多很多吗？

一点儿也不错。有人估计，如果把地球上的全部煤炭资源所含有的热量算作 100，那么石油是 3，目前技术上可利用的核燃料是 15，而地球内部储存的地热能竟高达 170 亿！

这就是说，地热能资源大约是地球上煤炭总储量的 1.7 亿倍，远远超过了地球上所有矿物燃料能量的总和。在地球上所有的各种能源当中，它排行第二，只有太阳能做它的"老大哥"。

还有人通过计算后这样说，如果将整个地球的温度降低 1 摄氏度，那么所放出的热量按目前的耗电水平来计算，将可以满足全世界 4000

万年用电的需要！

地球这个庞大无比的"大热库""大锅炉"，一方面在不断地产生热量，另一方面又在不断地往外散热。地球每年通过地表向大气空间散发的热量，大约相当于燃烧380亿吨标准煤或者1000亿桶石油！这是一笔多么惊人巨大的能量财富啊！

地热能是一种可以再生的能源，对它的利用又不会带来环境污染的问题，因此，近年来已引起世界各国的注意。从某种意义上说，它就像当初人们发现地下的煤炭、石油一样，可以被看作是人类发现的又一种极重要能源。

地热能通常有3种形式：一种是地下热水，比较常见；一种是地热蒸汽，有不含水的干蒸汽，也有以蒸汽为主的汽、水混合的湿蒸汽；还有一种是温度很高的干热岩。现在我们开发利用的主要是地下热水和地热蒸汽，其中包括我们比较熟悉的温泉。对地下干热岩的开发利用，也正在积极进行之中。

开发"地热田"

前面已经说过，地球的构造是复杂的，地下热量向地表释放的情况很不一样，这就造成不同地区有不同的地下增温率。

在那些地下增温率比较高也就是温度增加比较快的地区，通常就是地热释放比较集中的地区，也即所谓的地热异常区。很明显，我们要开发地下"热库"，首先就得找到这样的地区。

正像"油苗""露头"是找矿的标志一样，地热异常区是引导我们寻找地下热水和地热蒸汽最明显、最重要的标志。

地下储藏有大量煤炭、石油的地方被称做煤田、油田，现在我们也可以照此办理，把那些地下储藏着丰富的热水、蒸汽或干热岩资

源，有重大经济开采价值的地热异常区，叫做"地热田"。

地热能有不同的形式，地热田也就相应地有不同的类型。

如果地下喷出来的是热水，那么这种地热田就叫"热水田"。因为地下热水的温度一般都不高，很少超过100摄氏度，所以人们又管它叫"低温地热田"。地下热水通常聚集在不透水的地层里，只有通过钻井才能把它们引到地面上来加以利用。

不过，在某些热源比较弱，或者地层覆盖条件不完善的热水田里，温度低于沸点的地下热水有时也会自动地跑到地面上来，这就是温泉或热泉。

地下深处的压力是很大的，尽管这里热水的温度已经超过100摄氏度，但是仍然变不成蒸汽，而是以高温热水的形式被封闭在不透水的地层里。一旦在这里钻口井与地面相通，压力降低，高温热水得到解放，它们就会变成蒸汽跑出来，结果得到的将是蒸汽和热水的混合物——湿蒸汽。这样的地热田又叫"湿蒸汽田"。

湿蒸汽田分布比较广，就地下的存在状态来看，它其实也是一种热水田。在湿蒸汽田里，我们不仅可以见到热泉、温泉，还可能见到沸水滚滚的沸泉、时断时续的间歇喷泉，以及属于爆炸类型的水热爆炸泉等，它们都是地下高温热水涌出地面的产物。

"干蒸汽田"里储藏着天然蒸汽，不含液体水。这种地热资源比较可贵，因为它从井里引出来后稍加处理，即可直接通过管道送到涡轮发电机发电。

可贵的东西往往比较难得，地球上的干蒸汽田也比较少，其中最著名的有意大利的拉德瑞罗地热田、美国加利福尼亚州的盖塞尔斯地热田、日本的松川和大多喜地热田。有人估计，地下的干蒸汽地热资源只有热水和湿蒸汽地热资源的1/20。

有些地热田里干脆一点儿水也没有，无论是液体的还是气体的，有的只是温度很高的干热岩体。这样的地热田叫"干热岩地热田"。

干热岩地热田分布广、热能储量大，地热资源的半数以上都储存在这里。干热岩里的热量也可以开发利用，只是受科学技术发展水平的限制，目前还仅仅开始。

我国地域辽阔，地质构造复杂，地热资源非常丰富。全国除了上海，其他29个省、市、自治区都发现有温泉或地热井，据1985年统计超过3300处。

在东南地区，台湾省的地热资源十分丰富，上百处的水热活动区中有多处水温在100摄氏度以上，马槽地区一口探井的最高温度达293摄氏度。广东、福建两省的地热资源也很丰富，温泉多、水温高，有些地热探井井底的温度超过100摄氏度。

华北平原是我国低温（90摄氏度以下）地热资源分布最广和开发潜力最大的地区之一，初步划定的地热异常区有1.4万平方千米，热水埋藏深度几百米到两三千米，水温50～100摄氏度，可供开发利用的热水资源相当于100多亿吨标准煤。

东北地区的辽宁省有较多的地热资源，丹东、营口、鞍山等地都有发现。

我国西南经济区目前出露的25摄氏度以上的热泉计有933处，约占我国热泉总数的1/3，每天的总流量达99万多吨。其中西藏南部、云南西部、四川西部是我国中温（90摄氏度以上）和高温（150摄氏度以上）地热资源富集的地区，有许多可供开发利用的比较理想的地热田。西藏羊八井地热田的湿蒸汽温度高达250摄氏度，直接可以用来发电。云南腾冲地区也有丰富的高温地热资源，值得我们去优先开发利用。

那么这些地下热水或蒸汽是从哪里来的呢？它们采来采去不会采完吗？

一般认为，水是从地面上来的。

天空中降下的雨和雪，构成了众多的地面水。水是无孔不入的，地

面上的水会通过裂缝、孔隙渗透到地下去，并在向下渗透的过程中不断吸收周围岩石的热量，最后变成具有一定温度的地下热水或地下蒸汽。

地下的裂隙和空洞几乎都是水的藏身之处。可以这么说，地下到处有水，具有不同温度和化学成分的热水，在地壳里构成了一个连续的地下热水圈，或者形象一点说，我们的脚下存在着一个巨大的地下"热水海洋"。

地下"热水海洋"里热水的数量是惊人的，而且它们在不停地运动着，采掉一点又会有新的地面水来补充，并且由于受热也变成热水，所以"热水海洋"实际上是取用不尽的。我们正是通过对地下热水的开采，来源源不断地获得和利用地热能。

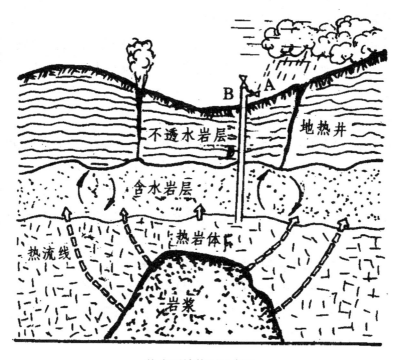

热水型地热田示意图

多种多样的用途

地热能有多种多样的用途。

"千里冰封，万里雪飘。"我国北方广大地区，冬季天寒地冻，每年有3~5个月的时间需要人工采暖。目前一般使用烧煤锅炉采暖，一个城市一年往往要烧掉好几十万吨煤。从找煤、采煤、运煤、烧煤到清除煤灰，不知要耗费多少的人力、物力。何况烟囱林立，煤灰飞扬，烟雾弥漫，还会带来严重的环境污染。

既然有些地方地下可以找到热水，那为什么不好好地加以利用呢？其实我们的祖先早就摸索着这样做了。

远在公元前五六百年的东周，我国就有关于开发利用地下热水的记载。2200多年前，秦始皇在陕西骊山华清池用温泉水沐浴洗澡，"千古华清第一池"从此名扬天下。此外，还有利用地下热水来治疗疾病、屠宰家禽乃至提取某些盐类的。

现在，地热利用技术已经有了很大的发展，但是传统的直接利用仍然受到人们的欢迎。比如，日本有1500个温泉疗养所，每年接待疗养人员1亿多；墨西哥人用天然热水洗衣服；泰国人和危地马拉人用地下热水做饭、沏茶等。1990年全球地热能的直接利用量约1173万千瓦，其中1/4在日本。

世界上开发利用地热资源最好的国家是冰岛。

顾名思义，冰岛是个冰天雪地的岛国。这个位于北大西洋北端的小岛，靠近北极圈，是世界上最冷的国家之一。岛上有20多个冰川，1/8的高原终年积雪，气候严寒，缺乏人工采暖所需的煤炭、石油资源。

正好，这个岛国蕴藏着丰富的地热资源，大量的地热通过数以千计

的温泉和无数细小的山地裂隙散发出来，使冰雪覆盖的大地显得热气腾腾，到处弥漫着白蒙蒙的雾气。

因地制宜，事在人为，现在冰岛全国 20 多万人口中已有 60％以上的家庭取暖使用地下热水。特别是首都雷克雅未克，从 1928 年起就建起了地热供热系统，目前全市 10 个区共铺设热水管道几百千米，建立了 10 个热水站，抽水、输水全部自动化。全市利用地热向居民提供热水和暖气，早就实现了"天然暖气化"的目标，费用只有烧石油采暖的 1/3。由于地热不仅广泛地应用于家庭，而且大量地应用于工业，因此，这里已经见不到锅炉，见不到烟囱，天空蔚蓝明净，自然环境几乎没有受到什么污染，从而使这座举世闻名的"无烟城市"——雷克雅未克成了世界上最干净的首都。

利用地热采暖的国家还有匈牙利、日本、美国、法国、俄罗斯、新西兰等国，他们都建成了一些区域性的地热采暖系统。匈牙利地热资源丰富，每年可采的地热能相当于 23 亿吨石油或 69 亿吨褐煤，现在已有 8000 套住宅使用地热采暖，采暖总面积达 56 万平方米。在美国的一所大学里，打了 3 眼 600 米深的地热水井，水温 89 摄氏度，为总面积 4.6 万平方米的校舍供暖，每年可以节约暖气费 25 万美元。

现在，世界上已经有 20 多个国家，除了把地下热水用于洗澡和采暖，还用到了家庭生活的其他方面，每年由此而节省下来的能源，大约相当于 1300 万吨石油。

家庭供热之外，许多工业生产过程也用地下热水和蒸汽，这些热水和蒸汽过去都是依靠工业锅炉提供的。

地热直接用到工业上的时间还不长。20 世纪 50 年代初，新西兰卡韦劳的塔斯曼纸浆和造纸公司首先利用地热能来开动设备，成为世界上第一家利用地热能的工业公司。现在冰岛一家世界上最大的硅藻土加工厂，也是利用地热来进行生产的。

在工业上，特别是化工、纺织、印染、造纸、制革、熬胶等行业，地热能还可以为干燥、蒸馏、发酵等设备提供热源。我国北京光华染织厂用地热水进行印染和退浆，每年可以节约煤炭 2500 吨。

我国天津市开发利用地热很有成绩，现在该市已发现 3 个地热异常区，总面积 700 平方千米，打出热水井 300 多口，每年提供温度超过 30 摄氏度的热水 5000 万立方米，热水最高温度 93 摄氏度，大部分被用到工业生产中。

地热资源在工业战线上有"用武之地"，在农业生产领域也有多方面的"献身机会"。

用地下热水取暖的温室，即使在北方严寒的冬天，也能照样栽种番茄、黄瓜、青椒、芸豆、西葫芦、蒜苗等蔬菜，而且油绿青翠，惹人喜爱。匈牙利利用地热温室种菜，面积已达 70 公顷。冰岛居民食用的新鲜番茄、黄瓜、莴苣，大部分是从地热温室里栽培出来的。

俄罗斯远东地区库页岛上，距太平洋沿岸南库里尔斯克城 7 千米的地方，有一个叫"海滨热水浴场"的村庄，附近一大片土地非常热，个别地点离地表 15 厘米的深处温度就超过 30 摄氏度。尽管周围天寒地冻，可这片天然热田里却一年四季都可以种植蔬菜，当地居民平均每人每年可以吃到"地热鲜菜"50 千克以上。如果在这片热土地上建造起大面积的温室，地热的利用效率一定会更高。

利用地下热水调节灌溉水的温度，既可御寒，又可促使农作物早熟增产，甚至对防治病虫害也有好处。

地下热水又能用来发展水产养殖，孵化育雏。非洲鲫鱼味道鲜美，深受消费者喜爱，可是它怕冷好热，不能在北方越冬。我国北京小汤山地区利用地下热水放养非洲鲫鱼，不仅解决了越冬问题，而且长成迅速，高产丰收。

含有多量矿物质的地下热水，还可以用来提取钠、锂、钾、碘、溴、硫等化学元素，以及核工业所需的重水。

地热资源既然有这么多用处，我们当然应该"一水多用"，综合

利用。

迄今为止，我国的地热利用，主要还是在农业、商业和日常生活上。到 1985 年底，我国利用地热已兴建了 69.5 公顷温室、92.5 公顷鱼池、53.4 万平方米采暖面积和 290 处疗养院，分别是 1981 年的 8.2 倍、8.1 倍、1.35 倍和 6.6 倍。地热浴池的数量增加最快，1981 年全国只有 102 处，到 1985 年，光是一个福州市就增加到 160 处。北京市也有 50 多处地热浴池，每天可供 5 万多人洗澡。

地热发电

地热也可以用来发电。

地球是个"大热库""大锅炉"，它一刻不停地把地下水加热成热水或蒸汽，既然火电站可以利用烧煤或烧油的锅炉来发电，那为什么不能利用地下这个天然"大热库""大锅炉"里的热水或蒸汽来推动发电机工作呢？

地热发电有好几种方式。

如果地下上来的是干蒸汽，那好办，直接送去推动汽轮发电机发电就是了。这种发电方式的设备最简单，投资少，大约要比核电站和水电站的设备投资少一半，比火电站的设备投资也要少很多。

要是从地热田中开发出来的地热资源是蒸汽和热水的混合物，那也不费事，可以先把蒸汽和热水分开，蒸汽送去发电，热水另作它用。世界上大多数的地热电站都是使用这种湿蒸汽发电的。

如果从地热田中开发出来的全都是热水，那就比较麻烦一些了，因为你知道，热水是不能直接用来驱动汽轮发电机发电的。

得想办法把热水变成蒸汽。

你可能知道，在世界屋脊的青藏高原上，生火煮饭是不容易煮熟

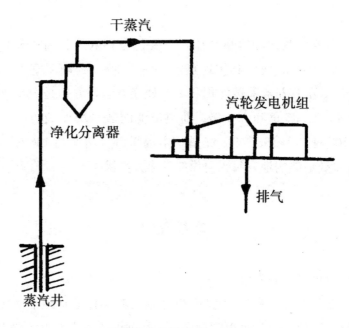

地热蒸汽发电原理示意图

的，因为那里的地势高，气压低，水不到 100 摄氏度就烧开了，温度上

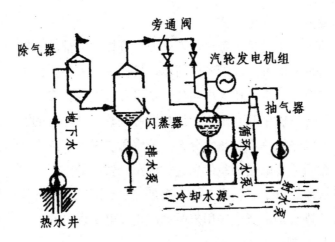

地热水发电原理示意图

不去。

这就是说，水的沸点跟气压有关系，气压越低，水的沸点也越低，热水越容易变成蒸汽。

这样我们就找到了一种把较高温度的热水变成蒸汽的办法——减压扩容法。具体做法是把地下上来的热水送进一种减压扩容器里，扩容器里的气压很低，热水一进到里面就马上沸腾，变成蒸汽，然后我们再把这种蒸汽送到低压汽轮机里去做功。

我国广东丰顺、湖南灰汤的地热电站，就是采用减压扩容法发电的。

另外一种办法是利用地下热水去加热一些低沸点的工作物质，让它们变成气体去推动汽轮机运转。这叫做中间介质法。

低沸点的工作物质有好几种，比如氟利昂、氯乙烷、正丁烷等，它们的沸点只有一二十摄氏度，一加热很容易变成气体。

我国河北怀来、辽宁熊岳的地热电站已经使用中间介质法发电成功。

地热蒸汽和热水都是从地下来的，不像我们从锅炉里烧出来的蒸汽

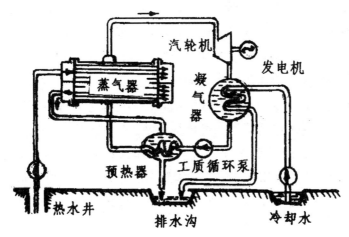

利用低沸点工作介质发电原理示意图

或热水那样干净，所以在送去汽轮机以前，还要用专门的净化装置把它里面的杂质，特别是腐蚀性杂质去掉。

另外，地热电站的厂址和规模受地质地理条件的限制，温度较低的地热资源利用效率不高，开发较深的地热资源在技术、经济上有诸多困难，地下热水和地热蒸汽往往会腐蚀管道和设备等，这些都是地热发电的不足。

但是，同普通烧煤、烧油的火电站相比，地热发电又有不少独到的长处。

地热发电所用的"燃料"是蕴藏在地下的热能，开发起来花钱不多，而它们的储存量却是任何其他电站无可比拟的。

地热电站的开发技术和设备简单，打几口井，打到应有的深度，铺设一些管道，安装几台蒸发器和扩容器，再加一些净化设备，就可以代替火电站的锅炉、烟囱、燃料的运输和加工，以及除灰、除尘等设备。

地热发电基本上不产生有害物质，发电后的余热还可以综合利用，以便进一步降低发电成本，消除环境污染。

世界上有不少国家都在积极开展地热发电，并已取得不小的成绩。

意大利是世界上最早利用地热发电的国家。1904 年，他们首先研制成功地热发电机并建成了世界上第一座地热蒸汽发电站。

由于受当时技术、经济条件的限制，在此后很长时间内，地热在发电方面的利用一直停滞不前。直到 20 世纪 70 年代，特别是近些年来，由于石油危机和全球环境问题的推动，许多国家才对地热资源的开发利用重视起来，并相继建成了一批地热电站。

据联合国 1987 年的统计资料，全世界地热电站的总装机容量已由 1976 年的 130 万千瓦增加到 1987 年的 560.6 万千瓦，发展地热发电的国家也由 7 个增加到了近 20 个。1991 年世界各国地热发电的装机容量是 937 万千瓦。

最早利用地热发电的意大利，1970 年装机容量已达 36.8 万千瓦，

居当时世界首位。最著名的也是世界上第一个的地热电站位于意大利比萨正南拉德瑞罗附近，利用地热干蒸汽发电，现在装机容量已达 39 万千瓦。

地热发电发展最快的是美国。美国有很多优质的地热田，1970 年地热电站的总装机容量为 8.4 万千瓦，1976 年已增加到 59.9 万千瓦，跃居世界首位；1987 年总装机容量是 221.185 万千瓦。现在大约有一半的世界地热发电装机容量在美国。世界闻名的盖塞尔斯地热田位于美国的加利福尼亚州，这里已经安装了 20 多台几万千瓦级的大型机组，世界上最大的单机容量为 15.1 万千瓦的地热发电机也安装在这里，1989 年总装机容量 191.8 万千瓦，是世界上最大的地热电站。

拥有丰富地热资源的一些发展中国家，对发展地热发电也很积极。菲律宾地热资源得天独厚，他们很晚才搞地热发电，但到 1987 年装机容量已达 89.4 万千瓦，仅次于美国而居世界第二位。1990 年其地热发电已占其电力生产的 15%。地热发电居世界第三位的墨西哥，1970 年的装机容量还只有 4000 千瓦，1987 年就发展到 65.5 万千瓦。目前世界上已知温度最高的基罗普列托地热田也在墨西哥，温度高达 388 摄氏度。

我国也在加速地热资源的发电利用。

1970 年底，我国第一座地热试验电站在广东丰顺建成，接着河北、湖南、山东、江西、福建也相继兴建了一批利用地下热水进行不同类型发电试验的小型地热电站，功率都在几十千瓦到 300 千瓦之间。

1975 年，我国开始开发西藏羊八井地热田。这是一个湿蒸汽地热田，地热井井口的平均温度高达 140 摄氏度。1977 年第一台 1000 千瓦发电机组安装完毕，接着不断扩大开发规模，到 1991 年，这个地热电站的装机容量已经达到 1.9 万千瓦，生产的电力向 90 千米以外的拉萨市输送。这是我国目前规模最大的地热电站，远景发电能力估计可达 8.3 万千瓦。

地热发电将在我国更多的地方开花结果。

别忘了干热岩

在英国西南部康沃尔郡一个叫鲁斯曼诺斯的地方，科学家和工程师们正在开展一项规模很大的研究工作，目的是把埋藏在地下深处的干热岩中的热能开发出来加以利用。

鲁斯曼诺斯地区从上到下都是花岗岩，计划要在这里钻 6000 米以上的深井，从地面用水管往地下注水，被加热的水变成 225 摄氏度的高温蒸汽后返回地面，再送去汽轮发电机发电。据估计，如果将这里的干热岩里储存的热量全部开发出来用于发电，那么所产生的电力将可以满足英国全国 20％的电力需要。

前面我们说过，干热岩是一种存在于地下深处的炽热的岩石，由于这种热岩层里既没有水又没有蒸汽，因此被叫做干热岩。

干热岩到处都有。地壳中蕴藏着巨大的热能，这些热能大多数都储存在干热岩里面。据计算，一块 160 立方千米那么大的干热岩，温度从 290 摄氏度下降到 200 摄氏度，释放出来的热能就相当于美国 1970 年全年消耗的能源。真是了不起！

问题是，干热岩里既没有水又没有蒸汽，怎样才能把它里面蕴含的热能开发出来呢？

美国人史密斯最先提出一种开发利用干热岩里的热能来发电的技术设想：采用特制的钻机往岩层深处打两口钻井；到达干热岩以后，再用高压水流使两口钻井之间的岩体产生裂缝，构成通路；然后往一口钻井里注水，水被干热岩加热，生成的热水和蒸汽再用水泵从另一口钻井中抽出来；抽出来的热水和蒸汽，即可用来驱动汽轮发电机发电。

第一次开发干热岩的野外实践开始于 1973 年，具体钻探地点是美国新墨西哥州的芬顿山，这里的地热增温率是每千米 65 摄氏度。1975 年，他们钻了两口上部垂直，下部弯曲的"J"形井，井深都在 3000 米左右。从 1977 年到 1978 年，花了 9 个月的时间，才用高压注水的办法把两口井打通，抽出 155 摄氏度的蒸汽维持了 75 天，尽管产生热量的功率只有 3000 千瓦，但是这一次成功的实践仍然是有划时代意义的。

接着美国又进行了多次试验。洛斯阿拉莫斯国立实验室钻了两口近 4400 米的深井，先把水泵进去 12 小时后再抽上来时，水温已高达 375

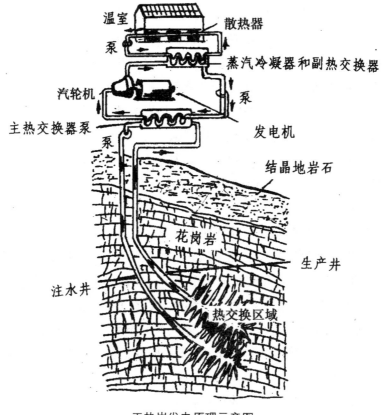

干热岩发电原理示意图

摄氏度。

专家们认为，在一个地区打上二三十口井，发 5 万千瓦电，满足这个地区 2 万人口用电的需要——这样的开发方案是比较合适的。

有这样一个总的估计：开发温度在 360 摄氏度以上的干热岩，所得地下热水和地热蒸汽可以用来发电；如果干热岩的温度在 80～180 摄氏度之间，那么所得热能只能为家庭或工厂供暖，可光是这后一部分的能量，就等于现在美国所消耗的热能的 4000 倍。

继美国之后，德国、法国、英国、瑞典、日本等国都开始进行干热岩的开发研究。

法国在两年时间里打出了 6 口开发干热岩的深井，其中的一口井深 6000 米，每小时可获得 200 摄氏度的高温热水 100 吨。

日本的火山多，干热岩也多，所以日本对开发干热岩特别积极，据说钻井只需钻到 1500～2000 米的深度，就能获得 200 摄氏度的地热。日本不仅参加了美国、德国联合开发干热岩的试验，而且还在本国进行了类似的实践。1988 年，他们在山形县打了两口 1800 米的深井，井底花岗岩体的温度大约是 250 摄氏度，往一口井里注水，100～180 摄氏度的热水和蒸汽就从 35 米远的另一口井中冒出来。

能从地下湿热岩中取得地热并开发成地热田的地方仅仅是少数。可是干热岩不同，只要钻到足够的深度，就一定能找到它。可以说，除了太阳能，世界上数量最大的能源就是我们脚下的干热岩能。专家们说，1 立方千米干热岩所含有的能量，相当于一个产油 1 亿桶的大油田；全球干热岩所含有的能量，相当于全部煤炭、石油和天然气等化石能源的 30 倍，可供人类使用成千上万年。因此我们不能忘了干热岩。

不过，从地面到地心约 6370 千米，而我们为了开发干热岩，最深的钻井深度也只有 6000 米，不到地球半径的千分之一。如果我们把地球比喻成是一只苹果，那么我们现在做的，充其量也只是在苹果身上刺了几个针孔小眼，连薄薄的一层苹果皮还没有穿透哩！苹果皮下又是什

么呢？

笼统一点说，硬的地壳底下是软的地幔，地幔是产生岩浆的地方，而岩浆又是生成岩石的原料。

提到岩浆我们就会想起火山，火山喷发不就是喷出熔融赤热的岩浆吗？岩浆的温度至少也有上千度，比干热岩要高得多，是否也可以开发利用呢？

至少美国、日本、俄罗斯的科学家这么想了，而且已经着手进行试验研究。

岩浆通常产生在100千米深的地下，不过有时它也会进入地壳，并在某个较浅的地点积存起来；岩浆沿着地壳的裂缝喷出地表就是火山喷发。这就是说，应该到火山口的附近去寻找埋藏比较浅的岩浆，并利用它的热能来发电。

美国从1975年开始对岩浆发电进行理论研究，1984年又做了实证研究。接着，他们在夏威夷岛的一个熔岩湖搞了现场试验。在这些科研工作的基础上，美国决定在加利福尼亚州猛犸湖附近的长谷火山口打一口6096米的深井，正式进行岩浆发电的实践。

事情说起来很简单，为了利用岩浆中的热能，可以钻井到有岩浆的地方，利用岩浆的热把水变成蒸汽，然后让蒸汽去推动发电机发电。但要做起来却会遇到巨大的困难，你想，岩浆被厚厚的岩层覆盖在地下，温度很高，压力很大，正憋足劲儿想往上窜呢！若在它上面钻口井给它找出路，这不如同在火药库旁边玩火一样危险吗？

需要解决的难题很多，科学技术正是在解决难题的过程中得到发展的。

美国已经对本国可利用的岩浆资源进行过估算，认为相当于250亿～2500亿桶石油，比美国全部矿物燃料的蕴藏量还多。

俄罗斯一些科学家认为，只要在堪察加无名火山上安装发电机进行岩浆发电，它的总功率就可以超过100个伏尔加电站的发电能力。

我国著名地质学家李四光生前说过："地下热库正在闷得发慌，焦急地盼望着人类及早利用它，让它能沾到一份为人民服务的光荣！"

那么，就让我们大家一起来"唤醒"沉睡在地下的地热资源，使它们有机会来为我们和我们的子孙后代造福吧！

七、向大海要电

向大海要电

浩瀚的大海充满活力。"无风三尺浪",即使在无风的日子里,海面也在上下动荡着。

海浪的大小首先取决于风力。风越大,浪越高。大风起处,波涛汹涌,白浪滔天,真可谓"海涛汹涌似有千钧力,巨浪滚滚犹如万重山"。

一般海浪高度小于4米,大风暴的时候可达七八米甚至十几米。1933年2月7日,美国油船拉梅波号曾记录到34米高的特大海浪,足可将10层大楼淹没。

海浪拍击海岸,浪花飞溅,可产生极大的冲击力。实测结果告诉我们,海浪冲击海岸的力量,往往可达每平方米二三十万牛顿甚至五六十万牛顿以上!

历史有记载,巨大的海浪曾把一块60多千克的石头卷到岸边40多米的高处,把一段上千吨重的混凝土防波堤连"根"拔走,把一艘巨轮拦腰断成两截……

这就是说,海浪确实是个了不起的"大力士"。在每一平方千米的海面上,运动着的海浪平均蕴藏有20万千瓦的能量。当巨浪像一座水

山扑向海岸的时候，可在 20 秒钟之内对 1 千米长的海岸线产生几万千瓦时的电能，这些电能足供上万个家庭使用 1 年。按照俄罗斯科学家的估算，全世界光是沿海区域的海浪能就有 6 亿千瓦，相当于全部电站装机容量的 1/3。

但是可惜，像这样一笔巨大的可以再生的而且丝毫不会污染环境的能量资源，却至今还没有得到很好的开发利用。

一百多年以前就有人想到利用海浪发电，理论上已探讨了多年，20 世纪 40 年代开始进行试验，50 年代取得了一些进展，60 年代有一些海浪发电装置投入运行。至 20 世纪 90 年代末，日本已有几百个小型海浪发电装置向导航浮标提供电力；美国、俄罗斯、瑞典等国开发了容量为 1～20 千瓦的小型海浪发电设备；后来居上的挪威建成了两个海浪电站，并开始对外承包建造海浪发电工程。

利用海浪发电是件麻烦事儿，因为海浪总的力量虽然很大，但分布分散，而且作用速度太慢。

1964 年，日本制成了世界上第一个供航标灯照明用电的海浪发电装置，发电量很小，仅够一盏灯使用，但它开创了海浪发电的先河。

以后通过一次又一次的试验研究，人们才找到了一些更有效的海浪发电的方法和设备。比如从 1976 年以来，光是美国就有一百几十种有关海浪能利用的发明获得了专利。世界上现有海浪发电装置 30 多种，其中只有日本的"海明"号海浪发电装置的进展比较快。

海明号海浪发电装置利用海浪上下的力量工作。它是一个巨大的像油轮一样的浮体，长 80 米，高 5 米，宽 12 米，重约 500 吨，浮体的底部有 20 个"洞"，这些"洞"实际上是一个个空气室。当海浪不停地上下运动的时候，空气室中的空气不断地受到压缩和扩张，就像风箱一样，空气来回地冲向空气涡轮机的叶片并使它快速旋转，从而带动发电机发出电来。

在这里，海浪的升降运动起着一般发动机活塞的作用，它使海浪缓

慢的升降运动变成高速气流冲动涡轮机后形成的快速旋转运动。由于装置结构简单,"海明"号能把 27% 的海浪能转变成电能。

"海明"号海浪发电装置 1978 年建成,可以发电 2500 千瓦,发电成本要比其他发电方法低,1980 年完成第一期试验。

1987 年,苏联建成一台示范性的海浪发电装置,工作原理与"海明"号发电装置有些相似,也可以说非常像自行车的打气筒,不同之处只是圆筒在活动,而活塞杆几乎不动。圆筒安装在巨大的浮筒内,海浪把浮筒上下抛掷,圆筒也跟着上升下降,同时打入液体,使加压水流冲击涡轮发电机发电。示范装置的功率只有 3 千瓦,成功后再逐步扩大,以便为海上石油平台、大陆架种植场、各种航海设备,以及沿海或海上区域的各种设施提供所需的电力。

挪威的科技人员克服重重困难,在 1985 年建成了两座海浪电站,地点在这个国家的南部大西洋沿岸的卑尔根市附近。

第一座海浪电站的工作原理与"海明"号完全一样,一根 12 米高、40 吨重的钢制圆筒竖立在海边峭壁的裂缝中,当海浪通过管道进出圆筒时,圆筒里的水面跟着升降涨落,就像强力的活塞一样,使得圆筒顶部的空气排出或吸入,从而驱动涡轮机转动而发电。这个电站每年发电 120 万千瓦时;如果把沿岸几个圆筒连接起来一道工作,就能利用海浪产生更多的电力。

第二座海浪电站的工作原理与第二座完全不同,它修建了一个锥形隧道,让海浪从几十米宽的隧道口进入,随着隧道越来越窄,涌来的海浪越升越高,最后在比海平面高 3 米的地方通过隧道出口流进一个小水库。水库的出口安装有水轮发电机,结果就像普通的水力发电一样,当水库里的海水从 3 米高处通过出口流回海洋的时候,就会推动水轮发电机发电。

挪威的海浪发电技术已经出口国外。他们首先在印度尼西亚的巴厘岛承建了一项海浪发电工程,电站的装机容量为 1000 千瓦。接着又在

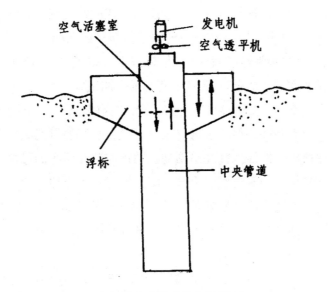

空气活塞式波力发电机原理

汤加王国建造一座 2000 千瓦的海浪电站，1990 年竣工。

不仅可以利用海浪上下垂直运动的力量来发电，也可以利用海浪的左右横向运动把海浪能转换成机械旋转或摆动运动的能量。

英国人索尔特研制了一种"点头鸭"式的海浪发电装置，它的外形像个大凸轮，凸轮尖的一头绕凸轮轴转动，另一头是个中空的圆筒，圆筒上有向内向外的叶片。"点头鸭"连成一串，浮在海面上，海浪一来，它们就绕着凸轮轴左右摇摆，而圆筒上的叶片也跟着来回转动，把水赶进涡轮机，转动涡轮发电机发电。

瑞典人与英国人异曲同工，开发出一种海浪叶轮发电装置。这种发电装置由一串叶轮组成，当海浪迎面涌向叶轮时，海水进入叶轮，转动叶轮上的叶片，最后通过变速机构带动发电机旋转发电。

新型的海浪发电装置还有一种叫环礁式海浪电站，是由美国人开发设计的。这种电站是模仿海上圆环形礁石的产物，从海面上只能看到一

接电机

利用海浪横向运动能发电

个直径 10 米的圆圈，而水下的人工环礁却是个庞然大物，底部直径 76 米，有一个足球场那么大。人工环礁的圆形壁是个导流罩，用来引导海浪向环礁中心流动。当海浪冲向环礁式电站时，海水将沿着环礁壁从四面八方按螺旋形路线涌向环礁中心，并在那里形成旋涡，转动水轮机发出电来。

一般来说，海浪发电装置利用海浪发电之后，海浪的能量大部分被消耗掉，结果是使大浪变小浪，小浪变微浪。因此，海浪发电不仅安全可靠，节省燃料，不污染环境，而且如果把发电装置连成一排，安置在海上，还可以起到消除海浪的防波堤的作用，对保护海岸和发展海洋渔业、养殖业等都有好处。

日本和英国是两个岛国，周围都是汹涌奔腾的海浪，他们重视海浪发电的研究是很自然的。尤其是日本，缺煤少油，却拥有 6000 万千瓦的海浪能资源，现在有 9 座海浪电站在开发。他们打算在 500 个有人居住的小岛上，逐步用海浪发电来取代柴油机发电。

我国也是一个海洋国家，海岸线长 18000 千米，光是大陆沿海至少就有 1.2 亿千瓦的海浪能资源。我国从 20 世纪 70 年代开始研究海浪发电，曾试用过 6 种不同型式的海浪发电装置，自己又研制了一种 60 瓦的海浪发电航标灯，已在航道上推广应用。在广东省，我们还建成了一座 8 千瓦的岸上海浪试验电站。

潮水滚滚

"早潮才落晚潮来，一月周流六十回；

不独光阴朝复暮，杭州老去被潮催。"

读着唐朝诗人白居易的这首诗，海潮那声若雷鸣、势如奔马的情景，就立即呈现在眼前。

每年农历八月十八，当人们来到钱塘江口，准会看到一幅气势磅礴、蔚为壮观的景象：潮到前不久，江面平静如镜，只是听到远处传来轰鸣的声音；接着响声越来越大，一道白浪涌来，后浪紧跟前浪，潮头陡立如墙；最后，"墙"越堆越高，最高可达八九米，每秒推进四五米，犹如千军万马呼啸奔腾而来，隆隆巨声好几千米以外都能听见。

这就是著名的钱塘江潮。

当然，不仅钱塘江有潮，凡是到过海边的人，都会看到海水有周期性涨落的现象。白天海水的涨落叫潮。晚上海水的涨落叫汐，合起来就叫潮汐。

潮汐的来去特别遵守时间，大多数情况下每隔 12 小时 25 分一次，循环往复，永不休止，难怪有人形象地称它为"大海的脉搏"或"大海的呼吸"。

潮汐的产生是太阳、月亮和地球之间相互作用的结果，但主要是月亮所玩的把戏。因为月亮的质量虽然要比太阳小得多，但是它离地球的距离却比太阳近得多，所以月亮对潮汐的影响要比太阳对潮汐的影响超出一倍。尽管月亮离我们有 38 万多千米远，可它的引力仍然能把海水吸起相当的高度。与此同时，地球在悄悄地自转着，结果是地球上的同一地点，一天之内有可能看到两次涨潮和落潮。

在汪洋大海里，潮汐的表现不明显，但是在浅海和沿岸地区，情况就大不相同，尤其在海湾和河口，外宽内窄，像个喇叭口，潮水从大海涌来，流速越来越快，潮头越来越高，奔腾呼啸，令人叹绝。

潮汐同农业、渔业、制盐、航海等的关系都很密切，而作为一种伟大的自然力量的表现，它最诱人的前景是用来发电。

1912 年，德国有位工程师在布苏姆修建了世界上第一座潮汐电站。1921 年，英国也在塞汶河口修建了一座。这些早期的潮汐电站都很小，花钱又多，所以没有引起多少人的注意。

到了 20 世纪 20 年代，法国有一些工程师和专家来到世界著名的朗斯河口。这个河口位于法国西北部英吉利海峡沿岸，潮水落差特大，一涨一落的平均高差为 8.4 米；河口地形狭窄，只有 750 米宽。工程师和专家们望着这排山倒海的潮水，头脑里描绘着建设朗斯大型潮汐电站的美好蓝图。

为了建造朗斯潮汐电站，法国从 1941 年开始做准备，1956 年修建了一座试验性电站，取得经验后，到 1960 年年底才破土动工，1966 年竣工建成。

朗斯潮汐电站是世界上第一座大型潮汐电站，也是迄今为止世界上最大的潮汐电站。横跨朗斯河口的长约 750 米的大坝把河口与大海隔开，坝后形成一个大型水库，水库面积 22 平方千米，可蓄水 1.84 亿立方米。386 米长的发电厂房里安装着 24 台 1 万千瓦的水轮发电机，每年可发电 5.44 亿千瓦时。

这就是说，潮汐发电是利用涨潮和落潮时水位高低的差别（又叫潮差）来推动水轮发电机发电的，它与普通水力发电的原理完全一样，只

是普通水力发电的河水总是从上游流向下游，而海里的潮水却是来回奔跑罢了。

前面已经说过，在汪洋大海里，潮汐的表现不明显；潮汐能主要表现在狭窄的海湾、浅海和江河的入海口等处，潮汐电站也应该修建在这样一些地方。

海水

落潮

涨潮

水库

单库单向潮汐电站

潮汐发电可以采取 3 种不同的方式。

水库可以是单个的，涨潮时打开水闸让海水把水库充满，落潮时关闭水闸，使水库水位逐渐高出外海潮位，然后开闸放水，让水流冲动水轮发电机发电。这叫做单库单向发电。这类电站适合于建在潮差比较小的地方，优点是结构简单，缺点是不能连续发电，每天只能发电 10～12 个小时。

同样是单个水库，但是采用了双向水轮发电机，涨潮时潮水从海洋流进水库可带动水轮发电机发电，落潮时海水从水库流回海洋也能从相反方向推动水轮发电机发电。这叫做单库双向发电。这类电站应该建造在潮差比较大的地方。由于它在海潮一次涨落的过程中可以来回两次发电，因此它每天发电的时间要比单库单向式电站多 30%，达到 16 ～ 20小时。

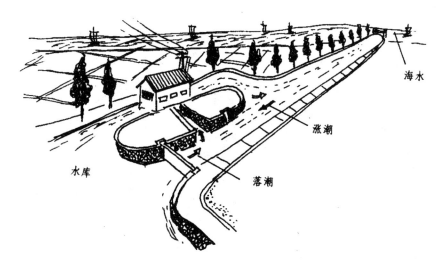

单库双向潮汐电站

  无论是单库单向还是单库双向，它们都有一个缺点，就是不能一天到晚连续发电，即在没有潮汐——平潮的时候总有一些时间要停电。

  双库发电可以解决这个问题。它建有两个水库，水轮发电机设置在两个水库的中间，只要恰当地打开或关闭进水闸和泄水闸，使上水库和下水库的水位在涨潮、落潮的整个过程中始终保持着一定的落差，电站就能连续不断地发电了。

  除了法国，世界上还有40多个国家和地区在研究和建设潮汐电站。

  1969年，继法国之后，苏联在巴伦支海的基斯洛湾建造了一座试验性潮汐电站，装机容量为800千瓦。

  苏联拥有非常丰富的潮汐能资源，其中最大的潮汐能资源蕴藏在堪察加半岛的品仁湾，估计有8700万千瓦。他们已对鄂霍茨克海的图古尔斯克潮汐电站进行了可行性研究，计划装机容量800万千瓦。另一座正在研究中的更大的潮汐电站是美晋湾潮汐电站，装机容量可达1500万千瓦，每年发电500亿千瓦时，有可能成为世界上最有效的一大电源。

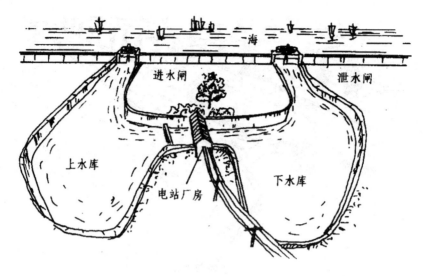

双库单向潮汐电站

世界上潮差最大的潮汐发生在加拿大大西洋沿岸的芬地湾。这里每天都有 1000 亿吨海水涌进湾内，然后又徒劳无功地返回海洋，最大潮差达 19 米。加拿大正研究要在这里建造几座百万千瓦级的大型潮汐电站，其中仅潮差平均高 10.5 米的坎伯兰电站就可以发电 142.8 万千瓦。

另外，加拿大已经在 1984 年建成了一座阿姆伯利斯潮汐电站，装机容量 1.78 万千瓦。现在世界上潮汐电站还不多，大中型的更是寥寥无几，所以你别看阿姆伯利斯电站的装机容量不大，它在当时世界上已建成的潮汐电站中，就数得上是仅次于法国的朗斯而排行第二了！

其他国家如印度、英国、阿根廷、澳大利亚等也都在积极研究兴建自己的大型潮汐电站。

我国海岸线漫长而曲折，沿海港汉纵横，适宜于建造潮汐电站的地点很多。初步估计，我国潮汐能资源的理论蕴藏量约为 1.1 亿千瓦，每年可发电 2750 亿千瓦时，其中可供开发的装机容量也有 2158 万千瓦，年发电量 619 亿千瓦时。潮汐能资源主要集中在华东沿海的山东、江苏、浙江、福建和上海四省一市，尤其是浙江、福建的潮汐能资源最为丰富，杭州湾、象山湾、乐清湾、三都澳、长江口等都是可以建造几万、几百万千瓦潮汐电站的好场所。

早在1000多年前的唐朝，我国沿海居民就开始利用潮汐的力量来碾磨五谷，之后还有人用它来搬运石头造桥和压榨甘蔗制糖等。不过，真正较大规模地开发利用潮汐能，还是近几十年来的事情。

1955年，我国建成了第一座潮汐水轮泵站，利用潮汐的力量来提水灌田。接着，我们又在东部沿海各省建造了若干座小型潮汐电站，为农田灌溉、农副产品加工等提供廉价动力，也满足了部分沿海农村照明、广播等用电的需要。

建成于1980年的浙江温岭江厦港的江厦潮汐电站，装机容量为3200千瓦，每年发电1140万千瓦时，在世界潮汐电站中名列第三。

同蕴藏量巨大的潮汐能资源相比，我国已经开发利用的那几千千瓦潮汐能是微不足道的。随着国民经济的高速发展，我国开发利用潮汐能资源的步子将加快：第二大潮汐电站——福建平潭县1280千瓦幸福洋潮汐电站已于1989年9月建成投产。

人们也许会问：向潮水要能源，这合算吗？

确实，潮汐发电有水头（落差）低、发电不连续的缺点。但是，同水力发电相比，潮水往返特别有规律，不受季节气候的影响，一般不淹没土地，不迁移人口；同火力发电相比，它节省燃料，不产生污染，还可以综合开发，收到更大的经济效益。所以说，开发潮汐能是很有意义的。

全世界有多少潮汐能？有人估计是30亿千瓦；也有人估计是10亿千瓦，每年可发电3万亿千瓦时。地球上每一次涨潮、落潮所含有的能量，就比目前全世界所有水电站一年的发电量还大几十倍。

当然，并不是所有的潮汐能都可以开发利用。有一种说法是，如果把地球上可以利用的潮汐能统统利用起来，每年就能发电1.24万亿千

瓦时，而目前人们才开发了几亿千瓦时，一个零头都不到，潜力还大得很哩！

海水里的太阳能

地球表面差不多有 70％ 的地盘被海水统治着，阳光普照大地，有 2/3 以上落到海洋里，被海水吸收并储存起来。海洋成了世界上最大的"太阳能收集器"。

储存在海水里的太阳能有多少呢？说来令人吃惊：光是 6000 万平方千米的热带海洋，平均每天所吸收的太阳能，就大约相当于 2500 亿桶石油所含有的热量。

这是一笔多么可观的能源财富啊！

这笔财富可以供我们开发利用吗？或者说，这些储存在海水里的太阳能，能够成为具有实用价值的能源吗？

让我们先来看看普通热机，比如蒸汽机的工作原理吧。它的工作介质是水，水在锅炉里被烧成蒸汽，蒸汽进入汽缸后体积膨胀，推动活塞而做功；做功后的蒸汽，温度降低，经过冷却，凝结成水，又重新回到锅炉里被加热，完成一个循环。

这就是说，热机要工作，必须要有提供热量的热源；热机不可能把热源提供的热量全部转化为功，而总是有一部分剩余的热量会被"遗弃"到冷源里。工作介质——比如水，正是在热源和冷源之间，从一个状态经过一系列的变化恢复到原来的状态，才能完成把热能转换成机械功的任务。

海洋里不就存在着天然的热源和冷源吗？赤道很热，可以作热源；两极很冷，是理想的冷源。有了它们，是否就可以利用海水里的太阳能来发电了呢？

不，赤道与两极相距太远，只有傻瓜才热心于这桩"万里姻缘"。

事实上，作为太阳能"收集器"或"储存库"的海洋，并不是一锅搅拌均匀的水体，不仅赤道和两极的海水温度不同，上下层的海水温度也有差别——表层海水吸收太阳能多、温度高，深层海水不见天日、温度低。这样，把表层海水作热源，让深层海水作冷源，利用这个温度差，应该是可以"动员"储存在海水里的太阳能来为我们做功的。

开发海洋热能的思想最早是由法国工程师达松伐尔于 1881 年提出来的，但他从未进行过实践。45 年后，他的朋友和学生克劳德，决心把实现海洋热能转换作为自己的终生目标，这才开始了第一次温差发电的试验。

试验装置很简单：两个大烧瓶，一个放进 28 摄氏度的温水（代表海洋表层的海水），一个放进 0 摄氏度的冰水混合物（代表海洋深层的海水），两个烧瓶之间用玻璃管连接，中间装有一台小巧玲珑的涡轮发电机。用真空泵抽气，把烧瓶里的空气抽到只有 4053 帕时，28 摄氏度的温水开始沸腾而变成蒸汽；蒸汽通过连接两个烧瓶的玻璃管时推动涡轮发电机发电，发电后的蒸汽温度降低，流向存有冰水的烧瓶，并在那里重新凝结成水。

试验是成功的，但从实验室试验过渡到现场实践可不容易。1930 年，克劳德在古巴北部海面设计建造了一个小型海水温差发电装置，工作原理同上面的试验完全一样，只是一个烧瓶里的温水换成了表层温度比较高的海水，而另一个烧瓶里的冰水则被从深层海洋里抽上来的冷海水所代替。这个装置名义上的功率是 22 千瓦，但实际上它在运转过程中消耗的电能比它发出的电能还多，也就是说，它的净功率是负值。

接着克劳德又设计制造了第二个温差发电装置，安装在停泊于巴西海边的货船上进行试验，可惜这次试验由于冷水管被海浪毁坏而失败。

1956 年，法国还以同样方式在象牙海岸建造了一个 7000 千瓦的海水温差发电装置，它在发电的同时可日产 1.4 万吨淡水。但是由于各种

原因，包括难于铺设直径数米、长几千米的冷水管，这个发电装置前后只运转两周就被迫停工了。

克劳德的试验装置为什么老是出问题呢？

实践结果告诉我们，直接用海水作工作介质，必须抽气减压才能使海水变成蒸汽，而低温低压水蒸汽的密度太小，要获得比较大的发电功率就必须配备很大的涡轮机，为了减少压力损失，管路和真空室等也必须做得很大很粗；还要安装专门的除气器来除去溶解在海水里的气体，而工作过程中排出大量除掉气体的海水又有可能影响周围生物的生存环境。此外，使用一套抽气设备，会消耗很多的电能。

为了克服直接利用海水作工作介质的缺点，美国人安德森父子发明了一种新的海水温差发电装置。这种装置利用低沸点的氨水、氟利昂等做工作介质，被称为安德森海水温差发电装置。

拿氟利昂来说，有好几个品种，沸点都在 20 摄氏度以下。用氟利昂做工作介质，放到蒸发器里，让海洋表层 25 摄氏度的温海水来加热，不用真空低压，就能使它沸腾变成蒸气去推动涡轮发电机发电。从涡轮机出来的氟利昂蒸气，压力和温度都已降低，进入冷凝器后用冷海水冷却重新变成液体，再送回蒸发器中循环使用。冷凝器中所用的冷海水，通常是从 600～1000 米的深层海水中抽取上来的。这种由氨、氟利昂等低佛点工作介质受热变成的蒸气，比由海水降压沸腾而产生的蒸汽密度大多了，推动涡轮发电机的力量也要大得多，这样就消除了直接用海水做工作介质的克劳德装置的主要缺点。

1979 年 5 月，世界上第一个真正成功的海水温差发电装置在夏威夷附近海面建成，发电功率 50 千瓦，除去自身的消耗，净产出 15 千瓦。这是一个以氨水为工作介质的温差发电装置，由美国和瑞典合作建成。

接着，日本也在太平洋的瑙鲁岛国建造了一个这样的装置，用氟利昂为工作介质，发电功率 100 千瓦，净产出 35 千瓦。

　　尽管这些装置都还带有试验的性质，但是有些国家已经提出了进一步开发的设想。美国曾研究了 4 万千瓦的海水温差电站的总体设计方案。年逾八旬的安德森工程师展望，到 1995 年将有一座长 117 米、重 2.5 万吨、发电功率 10 万千瓦的海水温差电站，漂浮在印度尼西亚附近的海面上。法国要在塔希底岛进行 5000 千瓦海水温差电站的开发研究。

　　一些内容比较充实的巨型海水温差电站的设想也提出来了。

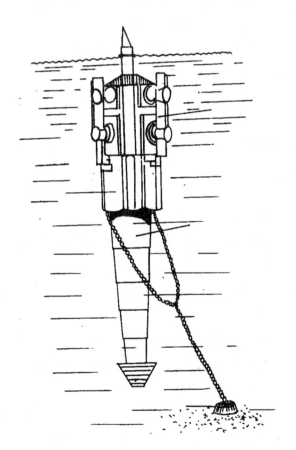

海水温差发电装置示意图

有一种混凝土套叠结构的海水温差电站是个庞然大物，从海面一直延伸到 600 米的深处，直径几十米，重量数十万吨。蒸发器设在水下 100 米处，这里的海水温度是 25 摄氏度；冷海水取自 600 米深处，水温 5 摄氏度左右。蒸发器和冷凝器之间有 20 摄氏度的温差，就可以实现海水温差发电。

低沸点的工作介质，沿着混凝土套叠结构里的管道，忽儿进入蒸发器变成蒸气，忽儿进入冷凝器冷却变成液体，循环往复，不断地推动涡轮发电机工作。表层海水加热工作介质，自身温度降低 2 摄氏度左右；深层冷海水吸收了工作介质的热量，自身温度大约升高到 7 摄氏度。它们都将分别被排到相应深度的海水层里。

这样庞大的海水温差发电装置，发电功率可达几万、几十万甚至几百万千瓦。

哪里海水的温差发电效果最好？当然是热带海洋。热带地区阳光强烈，海水里储存的太阳能最多，上下层海水的温度差最大，发电的效率自然也最高。

计算结果告诉我们，如果海水的温度差是 20 摄氏度，每秒钟吸进 1 吨海水，能量转换效率是 35％，那么，这个海水温差发电装置就能输出功率 3000 千瓦。

实现海水温差发电有许多技术、经济上的困难，但是实现之后又可以给我们带来很多好处。

海水里的太阳能如同其他太阳能一样，是一种可以再生而又不污染环境的能源。同海浪发电、潮汐发电相比，海水温差发电不受时间、气候的影响，出力均匀，稳定可靠。

海水温差发电需要抽取大量深层海水，深层海水里含有更多的营养成分，为海洋里的浮游生物和藻类生存所必需，而这些微小生物又养育了海洋中的各种动物。因此，为海水温差发电而抽上来的大量深层海水，可以用来大规模地发展渔业和海水养殖业。此外，海水温差发电还

可以同海水淡化、海水化学资源综合利用乃至冷冻、空调等结合起来，从而收到更大的经济效益。

有人估计，如果通过一系列的海水温差发电装置，把热带海洋表层水中储存的 0.1% 的太阳热能转换成电能，那么这些装置就至少可以发电 140 亿千瓦，相当于目前美国全国发电能力的 20 多倍。还有人说，只要把热带海洋里一半的海水用来发电，并由此而使海水的平均温度下降 1 摄氏度（由于海水不断流动，实际温度不会下降），那就可以获得 600 亿千瓦左右的电力，满足全世界用电的需要。

怎么样？海水温差发电的先驱者——克劳德和安德森父子把自己的一生献给开发海水里太阳能的事业，是很有意义的吧！

八、迎接氢能时代

一种新的高质能源

早在 1874 年，著名的科学幻想作家朱尔斯·维恩就曾经预言，世界的能源供应最终将以氢能为基础。

这意思很明白，氢是未来理想的能源。在化学元素周期表里，填在第一个方格子里的元素就是氢。

氢是最轻的元素，它在普通状况下是气体，空气已经够轻的了，氢的密度只有空气的 7%。氢同氧、氮等气体一样，无色、无味、无臭，看不见，摸不着。

气球里充满氢气，就会迅速飞升空中。

氢是生产氨、乙炔、甲烷、甲醇等工业品的原料。氢还用作制取钨、钼等不少稀有金属粉末的还原剂。

这里我们要说的是，氢能燃烧，可以作为燃料。氢氧焰喷出白亮亮的火舌，能够利索地切割或焊接钢板，所用的燃料就是氢气。

作为一种能源，氢是发热本领最大的非核燃料。燃烧1千克氢可以放出 1.4×10^9 焦的热量，相当于甲醇燃烧放热的2倍，汽油燃烧放热的2.5～3倍，焦炭燃烧放热的4.5倍。也就是说，哪一种化学燃料的发热能力都比不过它。

　　氢不仅本身无害无毒，而且燃烧后同氧结合生成的唯一副产品就是普普通通的水，不像煤、石油等化石燃料那样，燃烧后会产生一氧化碳、二氧化硫、碳氢化合物等有毒有害气体以及大量的固体颗粒物。即使产生少量的氮氧化合物气体，也不难采取适当措施予以解决。这就是说，氢是一种特别干净的能源。

　　氢还便于储存和运输。

　　氢气可以大量地储存在地下不漏气的"岩库"里，可以施加高压缩小体积存储于钢瓶中，也可以在超低温和某些金属的帮助下变成液体或固体用罐存放起来。

　　利用管道运输氢气很方便，运量大、成本低、损耗小，比高压输电的费用少一半还多。德国的大型、高压、总长为 300 千米的输氢管道，已经安全地运行了好多年。液氢也可以用铁路罐车、公路拖车、驳船来运输，一次就能装运几万到上百万升。加拿大通过大型船只把大量液氢运到海外出售，效率很高。

　　氢能有这么多优点，加上使用方便，可以在我们的生产、生活中发挥越来越大的作用。

　　比方说，氢的发热本领高，容易燃烧，清洁卫生，使用方便，是一种十分理想的家庭燃料。早在 20 世纪 50 年代，有些国家就用含一半氢气的"煤气"供家庭炊事、取暖之用，只需要对现有的煤气炉稍加改装，就可以得到一种更炽热、更强烈的火焰，热效率比一般燃料高 10%。

　　同样，不需要进行多大的改动，各种类型的内燃机就可以用氢能来开动。同汽油、柴油相比，用氢作内燃机燃料有很多优点：燃烧完全而迅速，启动容易，效率可提高百分之三四十，机械磨损也小，特别是排出的废气对环境造成的污染可大为减轻。

　　在汽车运输业中，氢可以用作主要燃料或加进汽油作混合燃料使用，这两种用法都可以减轻汽车废气对环境的危害。实践证明，如果汽

车的汽油中加进 5%～10% 的氢，就能使燃料的消耗量减少 20%～30%，费用降低 10%～15%。

1984 年 10 月到 1988 年 3 月，德国奔驰汽车公司在柏林有 10 辆以氢作燃料的汽车投入试运行，虽然行程短（约 100 千米），加燃料时间长（约 10 分钟），但是性能良好，经济和社会效益明显。日本用液氢作发动机燃料的氢能汽车，时速达 135 千米，85 升液氢可以开动汽车奔驰 400 千米。苏联于 1986 年制成一辆微型氢能汽车，启动迅速，噪音小，燃料费用比用汽油节省 2/3，对环境污染也大为减轻。美国研制的一种以氢为燃料的动力车能把 60%～80% 的氢能转变成驱动能。

以氢作动力的船只和汽车将是 20 世纪 90 年代的重点开发项目，许多国家都为此投入了大量的人力、财力。

飞机每飞行 1 分钟要消耗 300 千克斤汽油，它携带的燃料的重量往往要占它自身重量的 20%～50%，所以航空更需要重量轻、发热能力高的燃料，而氢正是理想的候选者。单位质量液氢所含的能量是普通喷气发动机燃料的 2.5～3 倍，这对提高飞机的飞行性能特别有利。当飞机的飞行速度超过 3.5 倍音速的时候，液氢是目前唯一有前途的航空发动机燃料。

1988 年 4 月 15 日，苏联一架图-155 民航客机从莫斯科附近的机场起飞，飞行了 21 分钟，它的尾部拖着一条长长的白烟，不过那不是通常喷气式飞机排出的废气，而是一条凝结成微小水滴的蒸汽流。原来这是世界上第一架以氢作动力的飞机，它比普通喷气燃料飞机更容易点火，燃烧均匀，性能良好。

从航空你一定会联想到航天，因为航天对燃料的要求更高，特别在重量这一点上真是"斤斤计较"。氢是高能燃料，火箭用氢作推进剂意味着成倍减轻燃料的重量，结果也就意味着节省大量的发射费用。现代巨型火箭差不多都是依靠液氢燃料推送到茫茫的宇宙空间的。

美国的航天飞机也是用液氢作燃料的，航天飞机要燃烧 38.5 万加

燃液氢飞机

仑的超冷液氢，才能到达预定的轨道。

既然是燃料，氢当然也可以用来发电。它可以像煤、石油那样直接燃烧发电，也可以通过燃料电池发电。燃料电池是电池家族里的"后起之秀"，它能把氢燃料里的热能直接转换成电能，转换效率可达60%甚至更高。

这么说，氢作为燃料就没有缺点了吗？

当然不是，氢也有不足之处。

目前氢的生产成本还太高，一般用户用不起。不过随着科学技术的进步，氢的生产成本会逐步下降，这个问题是能够解决的。为了降低燃料成本，在完全用氢以前，也可以用氢和其他可燃物如甲烷等的混合物作燃料。

使用氢作燃料还有一个安全问题，因为氢是一种具有高度爆炸性的气体。1937年，充满氢气的德国飞艇兴登堡号，在美国新泽西州上空爆炸烧成一团火球，艇毁人亡，至今人们记忆犹新。1986年1月28日，美国挑战者号航天飞机发射不久就在空中爆炸，7名乘客全部遇难，从录像图片上可以看出，爆炸的原因是泄漏的液氢和液氧相遇的结果。

氢只有与空气接触才能形成非常危险的爆炸性混合物。为了保证使

用安全，必须把氢储存在密封性极好的耐高压的容器内；运输和使用也要特别注意安全，绝对防止氢气外泄。

不过认真来说，氢所构成的危险其实并不比汽油大。氢无毒无害，不像矿物燃料那样含有致癌性物质；燃氢的火焰发光度很低，散发的热量很少，不像燃烧煤炭、石油那样火焰明亮，会辐射出很多热能；氢是最轻的元素，即使泄漏也容易在很短的时间内消散掉。

更重要的是，大量燃烧使用含碳的煤炭、石油、天然气等化石燃料，虽然曾给人类创造了富裕的物质文明，但是也造成了今天日益严重的环境污染，甚至威胁到整个地球上生命的生存。氢能帮助我们走出这个困境。用氢原子来替代碳原子，我们将能获得一种非常丰富的甚至可以说是无穷无尽的新能源，并使我们这个星球重新成为一个比较干净的适合于人类生存、繁衍和发展的场所。

氢从哪里来

煤炭、石油、天然气等化石燃料埋藏在地下，你把它们开采出来就是了。氢呢，它在哪里呀？

氢是自然界里最丰富的元素，它躲藏在水中、矿石里、生物体内，而且主要存在于水中。

水是氢和氧的化合物，地球上光是海洋里就储存着 137 亿亿吨水，其中含氢 15.2 亿亿吨，按所含化学能计算，氢储量要比世界上所有化石燃料加在一起还多上万倍。你看，还愁短缺吗？

但是，从来没有听说过地球上存在着天然的氢矿床，氢总是同别的元素牢牢地结合在一起，要把它"开采"出来可不容易。

前面我们说过，各种矿物燃料以及水力、风能、太阳能、核能等都是一次能源，而氢能却不同，它跟电能一样是二次能源，是一次能源

经过直接或间接加工生产出来的。

目前全世界每年生产的 5000 多万吨氢，绝大多数来自天然气、石油、煤炭，是这些碳氢化合物在高温、高压和催化剂的帮助下，与水蒸气起化学作用而制得的。由于其他技术经济上的问题，加上离不开化石燃料，因此，从碳氢化合物制取氢这条路子不是很有前途的。

根本的出路还是要从水中取氢。

氢和氧结合成水，把水"一分为二"，就能得到氢和氧。

不过，这事也是说起来容易做起来难。水分子中氢和氧的结合非常牢固，要把它们分开，必须花费很大力气。比如，要把水加热到三四千摄氏度，这样不仅需要消耗过多的能量，而且还得有一套能耐高温、高压的设备。

应该探索别的途径。

电解水是一种传统的制氢技术。电解槽里装满水，放进一点电解质，通电，电使水分解，阳极上得到氧气，阴极上就能得到氢气。

电解水要用电，而且用电量很大。生产 1 千克氢需要消耗好几十千瓦时电，成本比天然气制氢大约要高 1 倍。只有在电力充裕、电价低廉的国家里，电解水制氢才能得到较大的发展。

举例来说，加拿大魁北克省和欧洲共同体已经开始一项研究计划，利用魁北克省剩余的大量水电资源来电解水制氢，然后用专门的船只把液氢运往欧洲，用以运转燃料电池并给交通运输工具提供动力。法国利用核能和再生能源提供的电力已占 80％以上，比利时也已超过一半，这两个国家有可能最先使用氢能。

为了更好地提高能源的利用率，各种能源都有一个储存的问题，尤其是电能、太阳能、风能、热能等。把这些能源转化成氢能（通常采用电解水的办法，如风—电—氢）储存起来，等需要的时候再通过燃料电池转换成电，这可以说是最有效的储存能源的办法。

电解水制氢就是用电能换取氢能，等将来各种发电技术，特别是利

用各种再生能源发电以及热核发电技术有了长足的进步，电力成本大大降低之后，电解水制氢就能为大规模生产氢能作出新贡献！

现在再来看看热化学法制氢。

热化学法其实也是一种加热分解水的方法，不过不是单纯通过加热（这样需要3000摄氏度以上的高温），而是通过几步化学反应来达到目的。几步化学反应所需要的温度从几百摄氏度到1000摄氏度，比单纯通过加热所需要的温度低得多了。

人们已经提出了几千种热化学过程，其中1000多种曾经用计算机计算过，30多种经过仔细的考察，只有3种建立了实验装置。从这里你就可以看出科学家们为此已付出多么艰辛的劳动！现在的问题是要为热化学法找到一种合适的、温度很高的热源，比如，将来如果能把热化学法同高效率的核反应堆、太阳能集热器等联系到一起，那就一定能够进一步降低热化学法制氢的成本。

往前看，最有发展前途的是太阳能制氢。

现在世界上已经有了上百个太阳能高温炉，有的可以得到三四千摄氏度的高温，这样的高温是可以用来把水直接加热制取氢气的。当然，太阳能高温炉也可以为热化学法制氢提供有效的高温热源。

还可以先利用太阳能发电，再用电去分解水制氢。这些年来，无论是太阳能热发电还是太阳能光发电都取得了巨大的进展，这使人们更清楚地看到了太阳能制氢的光明前景。

拿太阳能光发电来说，在20世纪70年代早期，一只能生产1瓦电的太阳能电池造价高达100美元；80年代初，由于加工制造技术的进步，已使造价降至20美元；90年代，同样的一只电池只需要4美元，仅为20年前的1/25。将来呢？估计会降至1美元，甚至只需要50美分。专家们说，未来这种太阳能光电制氢的能源系统，将逐步取代普通的使用矿物燃料制氢的能源系统。

这方面走在前面的是德国。它已经在1990年建成了世界上第一座功率为 500 千瓦的太阳能制氢工厂，同样的一座 500 千瓦的太阳能制氢工厂也在沙特阿拉伯首都利雅德附近建造。他们还计划要把非洲北部的沙漠地区变成一个用太阳能电池生产氢的"农场"，生产出来的氢用管道经意大利送往德国。

据世界资源研究所估计，如果通过太阳能制氢取代美国现在的全部用油，将需要在 6.2 万平方千米的土地上安装太阳能收集装置。进一步说，只要把占现有世界森林面积 2％ 的地域改变成太阳能制氢场，所得氢能就可以取代现在世界范围内的矿物能源。

利用太阳能发电制氢特别适用于海上太阳能电站，因为辽阔的海面上有充足的太阳能，浩瀚的大海里又到处是水，能源和原料一应俱全。用太阳能电解水制得的氢气和氧气，可以通过管道输送给陆地上的用户。

上面讲的太阳能制氢，都是先把太阳能变成电，再用电去分解水制得氢气，它具有同普通电解水制氢一样的优缺点：主要的优点是制得氢气的纯度可以高达 99.99％ 以上；主要的缺点是消耗的电能太多。如果单纯从能量的增减来考虑，消耗的能量比氢燃烧时产生的能量还多，那是不合算的。

现在科学家们正在研究几种新的太阳能制氢法。

1972 年，日本科学家用半导体材料氧化钛作电极，当太阳光照射到氧化钛表面时，氧化钛就能产生电流将水分解而放出氢气。这种光电分解水制氢的方法经过改进，转换效率已高达 12％ 以上。但是，科学家们仍觉得不够理想。他们正在探索新的性能优良的光电极半导体材料，以进一步提高光电分解水的效率，降低氢的生产成本。

意大利和瑞士的科学家用二氧化钛作催化剂，再配上感光的化合物——光敏剂，在太阳光的照射下，水便会被分解成氢和氧。这叫做光化学分解水制氢。科学家们正在改进合成光敏剂的性能，提高催化剂的活性，寻找一套合适的光敏催化体系，以进一步提高光化学分解水制氢的

效率。

太阳能还可以通过生物来制氢，叫做生物化学分解水制氢。

人们 20 世纪 60 年代就发现，有些小不点儿的绿藻，在没有氧气的条件下，经阳光照射能够产生氢气。后来，人们又发现，蓝绿藻等很多藻类都有这种光合作用制氢的本领。

这个发现很有意义。试想，要是建造一座工厂，以取之不尽的水和二氧化碳为原料，用不花钱的阳光作动力，通过培养那些繁殖迅速的小不点儿的藻类，就能源源不断地制造出氢来，那该多好！

不仅藻类能制氢，某些细菌也有这个本领。已经发现 30 多种细菌能够通过发酵某些有机物制氢。比如有一种酪酸芽孢杆菌，发酵 1 克葡萄糖就能产出 0.25 升氢气。还有一些细菌甚至不需要有机物，而能像绿色植物那样进行光合作用，吸收太阳光的能量制造氢气。

有些科学家还想到了豆科作物根部一个个圆鼓鼓的根瘤，根瘤一方面能供给其中的根瘤菌生存所需要的养料，另一方面又能产出相当数量的氢气。他们于是设想利用生物技术，把树干上膨大的植物组织改造成为根瘤，根瘤产出的氢气可以通过导管一点点地引出来。这样，一棵棵的"产氢树"就成了一个个天然的"制氢厂"。

这还不算，有些科学家想得更远，想到了人工模拟绿色植物的光合作用，希望能造出一种人工模拟光合作用的装置。因为根据我们现在的了解，光合作用要分两步走：第一步是叶绿素吸收太阳光的能量把水分解成氢和氧，第二步是使氢同二氧化碳作用生成碳水化合物。据此，美国、英国、俄罗斯等一些国家的科学家，已经研制成了一种用叶绿素制造氢的装置，这种装置用 1 克叶绿素在 1 小时内可以产生 1 千克氢气，转化效率达到了 75%。

再进一步，一旦我们完全掌握了光合作用的秘密，并且造出了可以人工控制的光合作用装置，那就可以把光合作用停留在分解水的阶段，直接利用太阳光和水在普通条件下人工生产氢气了。

从高压瓶到"氢海绵"

　　大规模制氢的问题一旦解决，氢能的成本就会大大降低，应用也将大为普及。

　　不过仅仅解决了制氢问题还不够，除了生产、运输、使用之外，氢的储存还是个极重要的问题。

　　前面我们已经提到过储氢，包括钢瓶——高压容器储氢、液氢罐储氢、金属储氢等。

　　用高压氢气瓶储氢，即使加压到 16198.75 千帕，所储压缩氢气的重量也不到高压氢气瓶自身重量的 1%，或者说，在一个 40 升容积的钢瓶里，只能装存 0.5 千克氢气。正因为这样，用氢作燃料的汽车就不得不安装一个体积很大的"燃料箱"，而且汽车的行驶里程还大受限制。

　　把气态氢变成液态氢，氢的密度增大很多很多。但是，氢气必须在零下 253 摄氏度的超低温条件下才能变成液氢，这是很困难的，为此所消耗的能量等于氢能够提供能量的 1/4~1/3。不仅如此，这项操作所需的设备投资大，使用也不安全。

　　正当人们在为解决储氢难题苦苦思索的时候，一种新型金属材料的诞生给人们带来了希望。这就是储氢合金。

　　20 世纪 60 年代末，荷兰科学家首先发现，某些金属和它们的合金具有很强的吸氢能力，同氢发生反应会放出热量而生成金属氢化合物；以后根据需要对金属氢化合物加热，又可以把金属氢化物"吸"进去的氢重新"放"出来。

　　具有储氢能力的金属已经发现了不少，主要有钛、银、镁、锆、镧、镍、铜、铁、锰和稀土金属等，一般不用纯金属而用它们的合金。

　　储氢金属的储氢本领很大，人们称它们为"氢海绵"，意思是说，它们可以像海绵吸水那样大量地吸收氢气。说来你也许不信，一块储氢金属所吸收的氢气，换算成标准状态可以是这块金属体积的 1300 倍！也就是说，储氢金属可以使普通条件下的氢气的密度提高 1300 倍，不仅远远超过了压缩氢气的密度，甚至比液氢和固体氢的密度还大！

除储氢本领大之外，金属储氢还有一些优点：不需高压、低温，使用方便，安全可靠，可以反复使用而性能不变。

拿一种比较便宜的钛铁储氢合金来说，用它代替高压氢气瓶储氢，重量减轻一半，储氢量却增加了 4 倍。

再说用镁铜或镁镍合金储氢，氢与镁结合生成二氢化镁，100 千克二氢化镁所含的氢，可供汽车行驶相当于燃烧 41 千克汽油所行驶的路程，比钛铁合金的储氢本领还大。

日本、美国一些公司合作研制的镧镍储氢合金粉末，装到铝筒里，代替高压氢气瓶，已经在实际工作中有所应用。

储氢的办法找到了，氢能的应用才会更加广泛。

比方说，德国研制的一种氢能汽车，使用 200 千克的储氢金属，即可储存 65 千克氢气。1981 年我国也制成了一辆氢能汽车，能载 12 名乘客，储氢金属有 90 千克重，可以行驶 40 千米，速度达到每小时 50 千米以上。

煤炭、石油、天然气等作为动力资源，长期以来已经为人类的生存和发展作出了伟大的贡献。可是现在人们明白，大量使用这种燃料对环境造成的污染，已经从根本上危及地球上的生物包括我们人类在内的生存，为此应该尽快结束用煤炭、石油、天然气等作主要燃料的历史（这些自然资源应当在化工、医药、食品等领域更好为人类服务），而用更干净、更能长期服务于人类的新能源来代替它们。

21 世纪将是完成这个转变的关键时期，而氢能正是未来替代化石燃料的新能源中重要的一员。

理由很简单，氢不仅资源丰富、储运方便、适用面广，而且它取之

于水，归之于水，生生灭灭，循环往复，永无止息。这种能源循环是与大自然中生物圈的循环完全一致的，既能再生又无污染，水是这种循环过程中的唯一产品。

说到这里我们就明白，从各方面来看，尤其是从生态环境的角度来看，氢确实是人类最理想的能源，今天全世界的能源专家都对它寄予厚望。一位著名的能源专家这样说："在将来，氢将取代化石燃料，就像用电取代油照明，用柴油机取代蒸汽机，用喷气式飞机取代活塞式飞机一样。"

很可能用不了多久，人类就会进入一个新的能源时代——氢能时代。